Alvenaria Estrutural

Construindo o conhecimento

Blucher

Gihad Mohamad
Diego Willian Nascimento Machado
Ana Cláudia Akele Jantsch

Alvenaria Estrutural
Construindo o conhecimento

Alvenaria estrutural: construindo o conhecimento

© 2017 Gihad Mohamad, Diego Willian Nascimento Machado, Ana Cláudia Akele Jantsch

Editora Edgard Blücher Ltda.

Blucher

Rua Pedroso Alvarenga, 1245, 4º andar
04531-934 – São Paulo – SP – Brasil
Tel.: 55 11 3078-5366
contato@blucher.com.br
www.blucher.com.br

Segundo o Novo Acordo Ortográfico, conforme
5. ed. do *Vocabulário Ortográfico da Língua
Portuguesa*, Academia Brasileira de Letras,
março de 2009.

É proibida a reprodução total ou parcial por
quaisquer meios sem autorização escrita da
Editora.

Todos os direitos reservados pela Editora Edgard
Blücher Ltda.

Dados Internacionais de Catalogação na Publicação (CIP)
Angélica Ilacqua CRB-8/7057

Mohamad, Gihad

Alvenaria estrutural: construindo o conhecimento / Gihad Mohamad,
Diego Willian Nascimento Machado, Ana Cláudia Akele Jantsch.
– São Paulo : Blucher, 2017.

168 p. : il., color.

Bibliografia

ISBN 978-85-212-1102-0

1. Engenharia de estruturas 2. Alvenaria I. Título II. Machado, Diego
Willian Nascimento III. Jantsch, Ana Cláudia Akele

16-1015   CDD 624.1

Índices para catálogo sistemático:
1. Engenharia de estruturas

Prefácio

Gihad Mohamad seria o protótipo de engenheiro, se não fosse um pesquisador. Se não fosse um professor, aliás se não fosse um educador, seria um excelente engenheiro, que perdemos para ganhar um excepcional educador, na figura de um grande professor que não se furta a materializar sua natural inclinação à pesquisa.

Incansável e determinado, recheia com entusiasmo toda a sua vida, desde as suas raízes até o exercício profundo de sua brasilidade.

Disposto a realizar completamente o destino que escolheu, graduou-se com o Prof. Odilon P. Cavalheiro, na Universidade Federal de Santa Maria (UFSM), fez-se mestre com o Prof. H. R. Roman, na Universidade Federal de Santa Catarina (UFSC), e galgou o doutorado com o Prof. Paulo Lourenço, na Universidade do Minho, sempre sob o olhar inspirador do Prof. B. P. Sinha.

Conheci-o em Florianópolis, onde desenvolveu sua dissertação de mestrado e encaminhou seu doutoramento. E aprendi a admirá-lo, percebendo sua dedicação insuperável à boa engenharia, ao rigor técnico e ao trato carinhoso com as pessoas.

Nosso encontro em um aeroporto, quando ele voltava de uma visita à terra natal de seus pais, foi emocionante. Na ocasião, fui contemplado com uma enorme demonstração de confiança ao abraçar, em solo brasileiro, suas primeiras indignações, coisa de que jamais me esquecerei.

Neste livro, coordenado por Gihad, encontramos um notável curso de introdução à alvenaria estrutural, desenvolvido com apuro e clareza quase ímpares, em que ele e seus parceiros conseguiram um caráter lúdico em uma matéria usualmente árida, explorando o assunto da maneira mais intuitiva possível, sem desprezar os caminhos analíticos que, por certo, ganharão corpo em outras obras.

Sempre tive a arte das estruturas de alvenaria como aquela na qual se deposita a melhor e mais sensível porção da engenharia estrutural.

Este livro será uma inestimável contribuição à formação e ao aperfeiçoamento de engenheiros e arquitetos que se interessam pela alvenaria estrutural e, certamente, influenciará os rumos daqueles que militam nessa área do conhecimento técnico.

João A. Kerber
Engenheiro Civil

Conteúdo

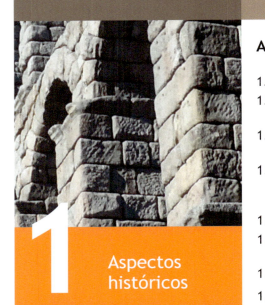

1 Aspectos históricos

Aspectos históricos 9

1.1 Formas estruturais básicas 10
1.2 Aspectos históricos das unidades estruturais.................................. 18
1.3 Exemplos de desafios entre a arquitetura e a estrutura 22
1.4 Surgimento dos primeiros critérios de segurança estrutural das edificações para a alvenaria estrutural 26
1.5 Alvenaria no Brasil 30
1.6 Vantagens e desvantagens da alvenaria estrutural........................ 32
1.7 Produção literária nacional 34
1.8 Referências.................................. 36

2 Materiais: componentes e elementos

Materiais: componentes e elementos.. 39

2.1 Bloco 40
2.2 Argamassa 59
2.3 Graute 66
2.4 Armadura 69
2.5 Referências.................................. 72

3 Projeto em alvenaria estrutural

Projeto em alvenaria estrutural 73

3.1	Custos na construção civil	76
3.2	O custo das decisões tecnológicas	80
3.3	Coordenação dimensional	86
3.4	Amarrações	88
3.5	Paginação de parede	90
3.6	Forma do prédio	92
3.7	Distribuição e arranjo das paredes	96
3.8	Tipos de paredes	98
3.9	Comprimento e altura das paredes	103
3.10	Integração de projetos	106
3.11	Escadas e circulações	116
3.12	Juntas horizontais e verticais	118
3.13	Componentes construtivos fundamentais na alvenaria	134
3.14	Referências	138

4 Execução de obras em alvenaria estrutural

Execução de obras em alvenaria estrutural 141

4.1	Entendendo o processo para a execução da alvenaria estrutural	142
4.2	Capacitação de equipes	144
4.3	Ferramentas e equipamentos	146
4.4	Segurança	148
4.5	Execução das alvenarias	150
4.6	Erros e cuidados necessários para obras em alvenaria estrutural	156
4.7	Referências	167

1 Aspectos históricos

Abordar a evolução histórica sobre o sistema construtivo em alvenaria estrutural, por meio das grandes e significativas obras construídas no passado, permite o entendimento da lógica e da concepção dos elementos e materiais empregados, bem como o seu processo construtivo. Neste capítulo, pretende-se explorar os principais aspectos construtivos empregados no passado a fim de demonstrar a evolução do sistema construtivo em alvenaria estrutural.

1.1 Formas estruturais básicas

As formas estruturais básicas que contribuíram para o desenvolvimento das técnicas construtivas foram: cúpula, viga, pórtico, abóbada e arco. As formas e os materiais disponíveis à época proporcionaram verticalidade, horizontalidade e maiores vãos internos nas construções.

Cúpula

A cúpula deteve-se inicialmente a delimitar espaços para abrigar residências primitivas. Assim, as habitações encontradas no sítio arqueológico de Choirokoitia, localizado na ilha de Chipre, datam de 9000 a.C. Estas foram moldadas em barro e pedras locais e sua organização como comunidade lembra a forma de uma colmeia.

Figura 1.1 – Habitações em Choirokoitia, Chipre.

As cúpulas poderiam também ser edificadas pela técnica da alvenaria em balanço, possuindo seu ponto mais alto ligeiramente pontiagudo. Formavam-se, com as fiadas, os anéis de compressão horizontal, impedindo que cada elemento rotacionasse. Um exemplo a considerar é a Tumba de Agamemnon, construída por volta 1325 a.C. Impedida a expansão de cada anel, as forças horizontais agiam no sentido oposto ao elemento permitindo o aumento do vão.

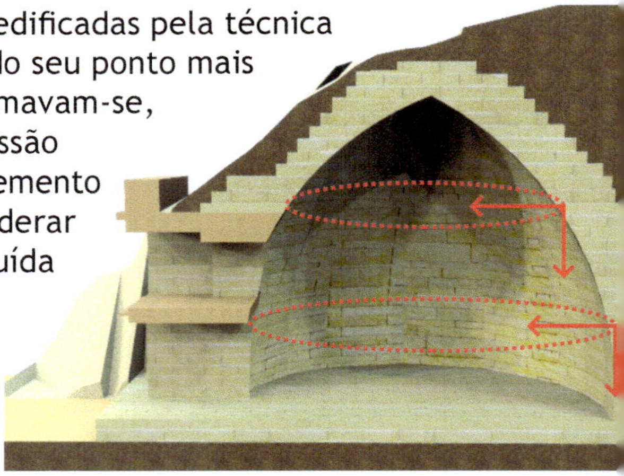

Figura 1.2 – Corte esquemático da Tumba de Agamemnon, Micenas, 1325 a.C.

Viga

A segunda forma básica retratada aqui é a viga. Tem sua base inicial a partir dos povos primitivos que utilizaram do tronco de árvore como elemento para travessia de rios. Nesta mesma perspectiva, Rebello (2013) descreve o tronco como maneira de suportar cargas atuantes perpendicularmente ao seu comprimento. As vigas foram utilizadas nas construções gregas como elementos estruturais para suportar as cargas provenientes da cobertura. Assim como as vigas, as vergas de pedra também foram utilizadas para distribuir as tensões atuantes sobre portas e janelas.

Figura 1.3 – Perspectiva da arquitetura grega, Grécia.

Pórtico

A partir do equilíbrio de uma pedra apoiada sobre outras duas, criou-se o primeiro sistema viga-pilar. Para evitar o surgimento de fissuras no meio do vão em virtude da baixa resistência à tração, a viga de pedra teve a seção transversal aumentada, tornando-se adequada para pequenos vãos.

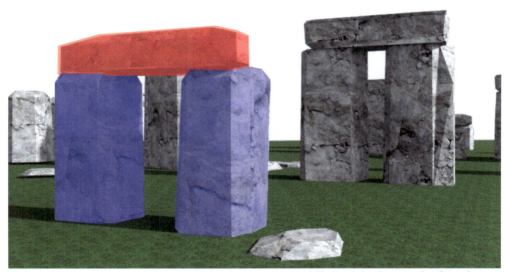

Figura 1.4 – Perspectiva Stonehenge.

Arco

O arco como forma estrutural é livre de forças de tração (RAMALHO; CORRÊA, 2003). Os vãos eram limitados pela resistência do material empregado e pela necessidade de garantir a estabilidade estrutural. Com a cunha, o arco gera apenas esforços de compressão cuja monoliticidade é garantida pelo intertravamento e pela simetria dos elementos de pedras. Assim, quando adequadamente dispostos, são capazes de vencer grandes vãos e suportar maiores cargas.

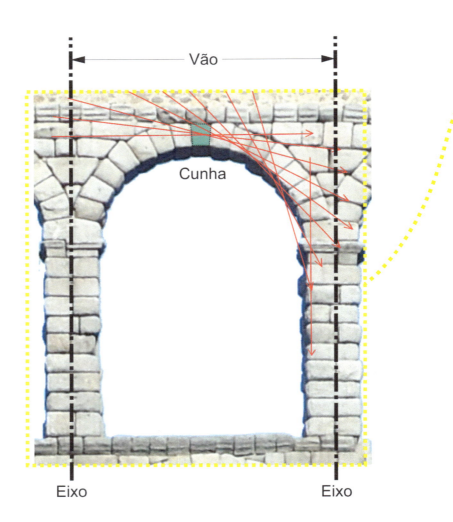

Figura 1.5 – Detalhe construtivo do arco pertencente ao aqueduto romano de Segóvia, Espanha.

Figura 1.6 – Detalhes e cortes do aqueduto romano de Segóvia, Espanha.

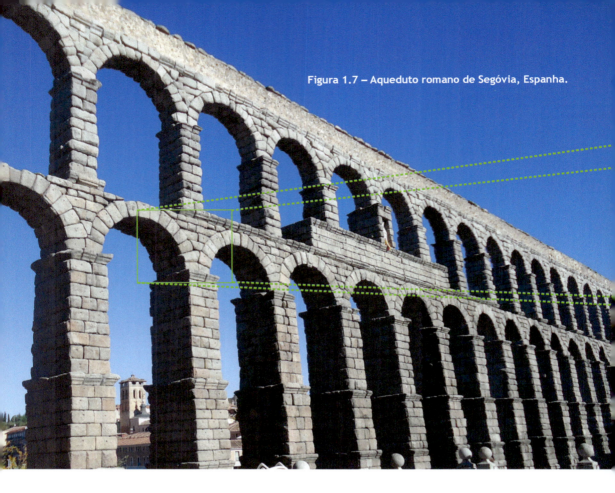

Figura 1.7 – Aqueduto romano de Segóvia, Espanha.

O emprego do arco em pontes facilitou o transporte e a ligação entre regiões. Para a execução desta técnica construtiva, as unidades de pedra eram elevadas por meio do uso de roldanas e do emprego de um dispositivo que fixava as peças em reentrâncias deixadas nos blocos de pedra.

Figura 1.8 – Exemplo de técnica para construção de arcos.

Detalhes construtivos:

Figura 1.9 – Detalhe construtivo das reentrâncias nas pedras pertencentes ao aqueduto romano de Segóvia, Espanha.

Essas marcas caracterizavam-se por pequenos buracos ou reentrâncias, localizados nas faces laterais do material, que auxiliavam na elevação por meio do mecanismo de içamento demonstrado abaixo.

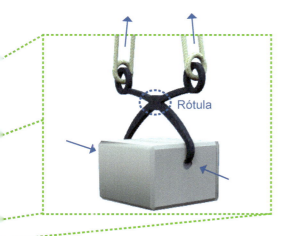

Figura 1.10 – Mecanismo de içamento.

De acordo com Strickland (2003), quando o arco é expandido em linha reta ou multiplicado através da sua profundidade, formam-se as abóbadas cilíndricas ou de berço.

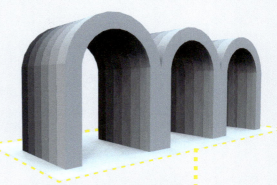

Figura 1.11 – Arco multiplicado em profundidade.

Um exemplo típico desta tipologia construtiva é o Coliseu Romano.

Figura1.12 – Abóbadas formadas a partir de arcos, Coliseu Romano.

Abóbada

As abóbadas são formadas por arcos sucessivos que cobrem espaços entre muros ou colunas e seu uso foi generalizado no império romano. No período românico, usou-se a abóbada de berço, que evolui para a abóbada de aresta até as abóbadas de ogivas. A construção da abóbada foi o fator que determinou o rumo das coberturas arquitetônicas nos séculos seguintes (MORAES, 2010). Assim, a partir do arco, cada unidade de alvenaria permanece em equilíbrio formando um anel de compressão. Contribuiu, ao longo dos anos, principalmente nos períodos gótico e renascentista, para a criação de grandes expoentes da arquitetura.

Figura 1.13 – Distribuição das forças de compressão.

Segundo Sánchez (2007), as abóbadas mais utilizadas para as edificações foram: (a) únicas; (b) em série; (c) laterais; (d) laterais paralelas; (e) em cruz e (f) múltiplas de aresta em cruz.

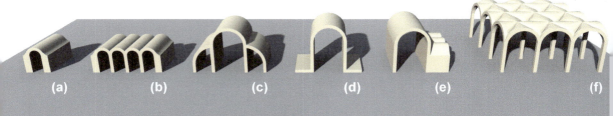

Figura 1.14 – Tipologia de abóbadas.

O equilíbrio estrutural das edificações – peso e vento

O contraventamento era feito com o aumento nas espessuras das paredes externas, funcionando como contrafortes. O equilíbrio estrutural era garantido pelo enrijecedor externo (contraforte), que impedia o deslocamento horizontal provocado pelo vento, sendo que os pilares internos recebem as cargas verticais da cobertura.

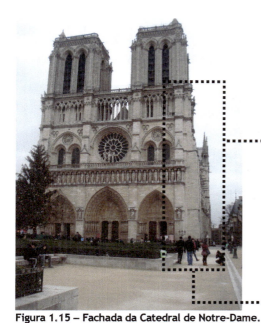

Figura 1.15 – Fachada da Catedral de Notre-Dame.

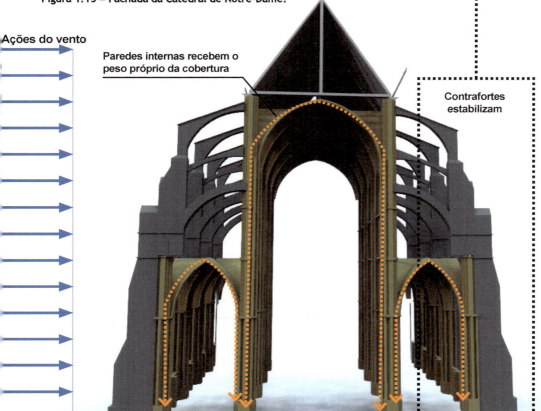

Figura 1.16 – Corte esquemático da Catedral de Notre-Dame, Paris.

Figura 1.17 – As grandes pirâmides do Egito.

1.2 Aspectos históricos das unidades estruturais

Ao longo da história da humanidade, muitos materiais foram utilizados para as edificações. Mohamad e Rizzatti (2013) relatam a preferência das culturas mesopotâmicas e egípcia pela busca por materiais às margens dos rios, como exemplo os tijolos secos ao sol, encontrados nas edificações antigas entre os rios Tigre e Eufrates. Já as egípcias foram edificadas por meio da extração do empilhamento de rochas calcárias, no Vale do Rio Nilo.

As três grandes pirâmides, Quéfren, Quéops e Miquerinos, foram construídas em torno de 2600 a.C. com aproximadamente 2,3 milhões de **blocos de pedra calcária** branca unidos com argamassa de gesso calcinado. Nas construções monumentais gregas, o **mármore** polido era o principal elemento para a construção de templos e edifícios públicos. Além do intertravamento entre as unidades, eram empregados **grampos ou tarugos de ferro**, para garantir a rigidez estrutural. Segundo Adam (1994), esses grampos eram destinados a impedir possíveis movimentos causados pelas fundações ou por abalos sísmicos.

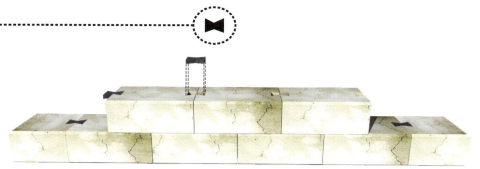

Figura 1.18 – Grampos utilizados nas construções gregas.

Em algumas regiões, a escassez de pedras em determinados locais levou à produção de tijolos secos ao sol ou adobe. Esses tijolos necessitavam de um longo período para secagem. Sua aplicação era comprometida pela exposição constante a ciclos de umidade, como exemplificam as cidades construídas em adobe (kasbah) no Marrocos.

Figura 1.19 – Cidade construída em adobe, Aït-Ben-Haddou, Marrocos.

Junto com o adobe, as **argamassas de argila** foram a alternativa inicial para os revestimentos, a fim de preencher fissuras e diminuir irregularidades das unidades. Os **tijolos cozidos**, feitos a partir da composição de argilas e levados aos fornos, deram maior durabilidade a essas peças.

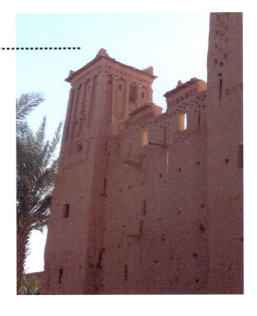

Figura 1.20 – Construção em Aït-Ben-Haddou, Marrocos.

Os romanos desenvolveram o *opus caementicium*, ou seja, o concreto romano. Este era composto por pequenos pedaços de calcário, com adição de cinza pozolânica, cascalhos e restos de materiais cerâmicos. Durante a construção da cúpula do **Panteão de Roma**, diferentes agregados alternavam-se em camadas dentro do concreto, variando seu peso da base à abertura central (STENVENSON, 1998).

Figura 1.21 – (a) Vista externa e (b) vista interna, Panteão, Roma.

Nas ruínas das Termas de Nero, a união de tijolo com concreto e pedras locais produziu o *opus victatum mixtum*. Essa técnica, junto com outras combinações, utilizava o revestimento lateral da estrutura com **tijolo e uma camada interna de concreto romano**, pois este exigia o contraforte externo para conter as forças de tração.

Figura 1.23 – Técnica *opus latericium*.

Figura 1.22 – Ruínas das Termas de Nero, Pisa.

As diferentes técnicas empregadas no passado serviram de base para que, anos depois, em meados do século XII, os tijolos produzidos no **norte da Itália** fossem expandidos para a Alemanha, bem como para os demais países europeus. Assim, o tijolo tornou-se o principal elemento construtivo e estrutural, aliado à falta de pedra nos países nórdicos.

Figura 1.24 – 1250 a 1338, Igreja de Sta. Maria dei Frari.

21

1.3 Exemplos de desafios entre a arquitetura e a estrutura

Figura 1.25 – Abóbada de tijolo armado com dupla curvatura.
Fonte: Igor Fracalossi. "CEASA de Porto Alegre cumpre 40 anos", 19 mar. 2014. ArchDaily Brasil. Disponível em: <http://www.archdaily.com.br/183777/ceasa-de-porto-alegre-cumpre-40-anos>. Acesso em: 7 jan. 2015.

Cabe ressaltar que a alvenaria estrutural em altura começou com os romanos nos edifícios populares. Consolidou-se com a substituição de estruturas em madeira com preenchimento em alvenarias diversas por construções inteiramente em alvenaria estrutural tanto em pedra como em tijolo ou mistas.

Hugo Camilo Lucini

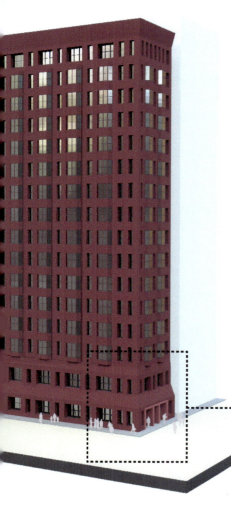

O Edifício Monadnock: precursor da alvenaria estrutural moderna

No século XIX, a alvenaria estrutural era dimensionada a partir de bases empíricas, levando a espessuras de paredes excessivas e, por consequência, antieconômicas. O Edifício Monadnock também marca uma transição histórica no desenvolvimento de métodos estruturais.

Figura 1.26 – Perpectiva do Edifício Monadnock, Chicago.

Pelos critérios à epoca, as **grandes espessuras** das paredes externas eram necessárias para suportar o peso próprio dos andares superiores e aumentar a rigidez à flexão por causa do vento.

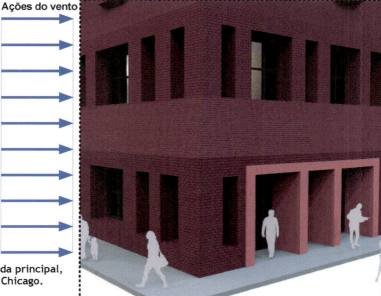

Figura 1.27 – Perspectiva da entrada principal, Edifício Monadnock, Chicago.

O Monadnock foi uma das cinco edificações selecionadas pela comissão de Arquitetura e Urbanismo de Chicago – EUA, em reconhecimento ao seu projeto original e ao interesse histórico, pois é a mais alta estrutura em parede portante de Chicago. O Monadnock é exemplo marcante de construção em alvenaria de 16 pavimentos e 65 metros de altura, com paredes de 1,80 metros de espessura no pavimento térreo. Esse tipo de construção era caracterizado pela dificuldade de racionalização do processo executivo e pelas limitações de organização espacial, tornando o sistema lento e de custo elevado.

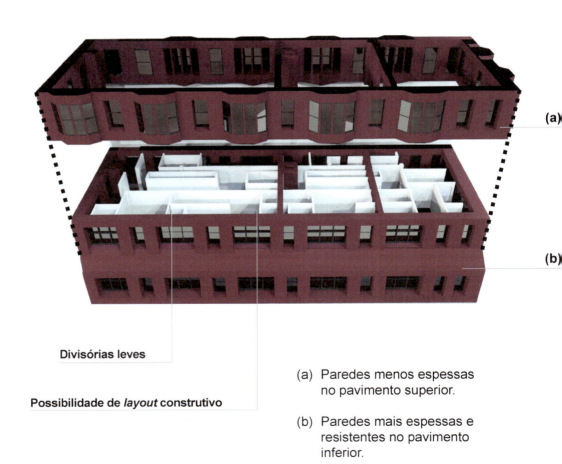

Divisórias leves

Possibilidade de *layout* construtivo

(a) Paredes menos espessas no pavimento superior.

(b) Paredes mais espessas e resistentes no pavimento inferior.

Figura 1.28 – Plantas em perspectiva, Edifício Monadnock.

O marco inicial da moderna alvenaria estrutural começou com os estudos do professor Paul Haller na Suíça, conduzindo uma série de testes em paredes de alvenaria em virtude da escassez de concreto e aço proporcionada pela Segunda Guerra Mundial. A partir desses estudos, começa a se intensificar e disseminar o uso da alvenaria estrutural como sistema construtivo, ainda que limitado por teorias e critérios de projetos empíricos.

Somente na década de 1950 as normalizações forneceram os critérios básicos para projetos de elementos de paredes à compressão. Os principais problemas consistiram no caráter frágil do material, dificuldade quanto às condições de excentricidade e avaliação dos efeitos de carga lateral em virtude de vento, sismos, explosões de gás e impactos acidentais. Alguns exemplos são demonstrados nas figuras a seguir.

Figura 1.29 – Edificações destruídas pelas ações sísmicas, terremoto de Long Beach, Califórnia.
Fonte: http://www.steelcactus.com.

Cronologia

1953 – Suíça – Edifício de 13 pavimentos com 42 m de altura.

1954 – Zurique – Edifício de 20 andares e parede = 32 cm.

1966 – Denver, EUA – Construído o primeiro edifício em altura de alvenaria estrutural com mais de 8 pavimentos em zona sísmica.

1967 – 1º Congresso Internacional em Austin, Texas.

1968 – Londres – Colapso progressivo na prumada correspondente às cozinhas, em virtude de explosão de gás em um dos andares do edifício Ronan Point.

Atualmente, em países como EUA, Inglaterra, Alemanha e outros, a alvenaria estrutural atinge níveis de cálculo, execução e controle similares aos aplicados nas estruturas de aço e concreto, constituindo-se num econômico e competitivo sistema racionalizado, versátil e de fácil industrialização.

Fontes: BASTOS, P. S. S. **Contribuição ao projeto de edifícios em alvenaria estrutural pelo método das tensões admissíveis.** Dissertação (Mestrado). Universidade de São Paulo, Escola de Engenharia de São Carlos, Área de Engenharia de Estruturas. São Carlos, 1993. Disponível em: <http://web.set.eesc.usp.br/static/data/producao/1993ME_PauloSergiodosSantosBastos.pdf>. Acesso em: 16 set. 2016.

Cavalheiro, O. P. **Alvenaria estrutural** – Tão antiga e tão atual. Disponível em: <http://www.ceramicapalmadeouro.com.br/downloads/cavalheiro1.pdf> Acesso em: 16 set. 2016.

1.4 Surgimento dos primeiros critérios de segurança estrutural das edificações para a alvenaria estrutural

Mohamad (2007) destaca que somente na década de 1950 as normalizações forneceram, inicialmente, os critérios básicos rudimentares para o sistema. Com os estudos experimentais realizados pelo professor Paul Haller, na Suíça, foi possível construir o edifício com 18 pavimentos e 42 metros de altura. Este possuía 15 centímetros de espessura de parede interna e 30 a 38 centímetros de paredes externas. Assim, os anos 1960 e 1970 foram marcados por intensas pesquisas experimentais e aperfeiçoamento de modelos matemáticos de cálculo, objetivando projetos resistentes não só a cargas estáticas e dinâmicas de vento e sismo, mas também a ações de caráter excepcional, como explosões e retiradas de paredes estruturais (CAVALHEIRO, 1995).

Figura 1.30 – Colapso progressivo no edifício de apartamentos Ronan Point, Londres (1968).
Fonte: http://www.ebanataw.com.br/roberto/concreto/ColapsoProgressivo01.JPG.

Figura 1.31 – Colapso de 1968, no edifício de apartamentos Ronan Point, Londres.
Fonte: http://www.tqs.com.br/tqs-news/consulta/58-artigos/1009-colapsoprogressivo-dos-edificios-breve-introducao.

Na década de 1960, os testes em escala real de prédios em alvenaria de cinco andares foram desenvolvidos pela Universidade de Edimburgo sob responsabilidade dos professores A. W. Hendry e B. P. Sinha.

Mudanças ocasionaram novos critérios para a elaboração de projetos, a partir de modelos e testes de edifícios em escala real.

Figura 1.32 – Edifício testado em escala natural por Sinha e Hendry.
Fonte: Hendry (2002).

Eladio Dieste, Igreja de Atlântida, Uruguai

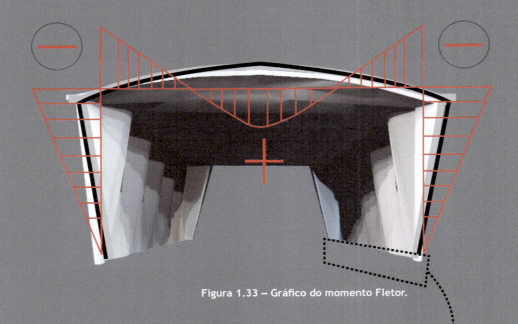

Figura 1.33 – Gráfico do momento Fletor.

Na **Igreja de Atlântida**, a vinculação entre a parede e a cobertura configura um pórtico, cuja ligação forma um engastamento em virtude da área de apoio. Assim, ocorre uma redução no momento fletor positivo da estrutura.

Figura 1.34 – Detalhes construtivos das paredes da Igreja de Atlântida.
Fonte: http://www.alaninnes.com.

Nas situações demonstradas na folha de papel nas imagens a seguir, em específico a situação 2, a folha não apenas vence um vão em balanço, mas também suporta a carga de um lápis. Graças à curvatura, a massa se distancia do centro de gravidade, obtendo mais inércia e resistência, assim como na obra de Eladio Dieste (ENADE, 2008).

 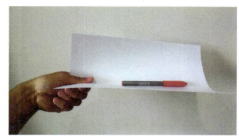

Situação 1   Situação 2

Figura 1.35 – Demonstração do momento de inércia.

A utilização de uma catenária permitiu que as cascas em alvenaria armada atingissem vãos de 50 m com espessuras de apenas 12 cm. Assim, a arquitetura das suas coberturas permitiu reduzir significativamente os custos da construção (LOURENÇO; BARROS; OLIVEIRA, 2002).

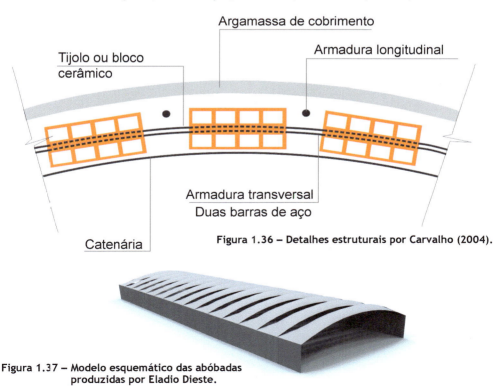

Figura 1.36 – Detalhes estruturais por Carvalho (2004).

Figura 1.37 – Modelo esquemático das abóbadas produzidas por Eladio Dieste.

1.5 Alvenaria no Brasil

A história da alvenaria no Brasil inicia por meio das técnicas construtivas derivadas, em sua maioria, de Portugal. Em busca de segurança de suas colônias, destacava-se a predominância da alvenaria de pedra, em **fortes e quartéis**. Tais sistemas estruturais comparavam-se à técnica construtiva da taipa, que necessitava de uma grande espessura de parede (ABCI, 1990). Por conseguinte, o tijolo foi considerado material nobre em substituição à taipa até a década de 1930. Nos anos seguintes, perde suas atribuições como solução estrutural para o concreto armado, restringindo-se ao preenchimento de vãos e a estruturas de pequeno porte (SILVA, 2003).

Figura 1.38 – Modelo em perspectiva do primeiro forte do Brasil, Forte do Presépio, Belém/PA.

As construções em alvenaria estrutural foram impulsionadas a partir da **década de 1960** pelos investimentos do Banco Nacional de Habitação (BNH), em moradias populares, e pelo desenvolvimento de normas técnicas especificas para o sistema (ABCI, 1990). No início da década de 1980, as unidades modulares em blocos cerâmicos vazados na vertical são difundidas, o que facilitou a passagem de instalações elétricas e tubulações (MOHAMAD; RIZZATTI, 2013). No final da década de 1980 e no início dos anos 1990, o sistema construtivo ganhou força e as parcerias entre universidades e empresas permitiram a criação de materiais e equipamentos nacionais para a produção de alvenaria estrutural (PARSEKIAN; HAMID; DRYSDALE, 2012).

Figura 1.39 – Exemplos das edificações.
Fonte: ABCI (1990).

Cronologia

1966 – Construído o conjunto habitacional Centro Parque Lapa, em São Paulo, obra realizada com paredes com espessura de 19 cm e quatro pavimentos.

1970 – Construído o edifício Muriti, em São José dos Campos/SP, em alvenaria armada de blocos de concreto.

1972 – No mesmo conjunto habitacional Central Parque Lapa, foram edificados quatro prédios de 12 pavimentos em alvenaria armada.

1978 – O Jardim Prudência, em São Paulo, foi o edifício pioneiro em alvenaria não armada. A edificação de 9 pavimentos em blocos de sílico-calcário foi executada com paredes de 24 cm de espessura.

Década de 1980 – Construção do conjunto residencial Parque das Flores, com blocos cerâmicos e utilização do mesmo bloco em obras estruturais diversas, armadas e não armadas.

Década de 1990 – Construção do edifício residencial Solar dos Alcântaras em São Paulo/SP, com 24 pavimentos no sistema construtivo em alvenaria armada com blocos de concreto de 14 cm de espessura.

1.6 Vantagens e desvantagens da alvenaria estrutural

VANTAGENS

- Mão de obra qualificada;
- limpeza do canteiro de obras;
- redução nas armaduras;
- redução das formas;
- redução dos resíduos;
- otimização no tempo de execução;
- necessidade de integração e compatibilização com instalações prediais;
- redução do número de profissionais no canteiro de obras.

DESVANTAGENS

- Não permite improvisações, condicionando a arquitetura;
- inibe a destinação dos edifícios (uso e ocupação);
- restringe a possibilidade de modificações;
- vãos livres limitados e vãos em balanço não indicados;
- não permite paredes e conjuntos muito esbeltos.

> **Não confunda alvenaria estrutural com alvenaria resistente.**

A diferença fundamental entre alvenaria estrutural e alvenaria resistente é a existência de critérios normativos de dimensionamento e racionalização, utilizando blocos vazados modulares e não modulares, com processos e métodos construtivos e controle tecnológico, enquanto na alvenaria resistente as estruturas são dimensionadas empiricamente com blocos de vedação e sem conhecimento da segurança estrutural.

Definições normativas para a alvenaria estrutural

- **Elementos de alvenaria armada** – elementos de alvenaria nos quais são utilizadas armaduras passivas que são consideradas para resistir aos esforços solicitantes.

- **Elementos de alvenaria não armada** – elementos de alvenaria nos quais a armadura é desconsiderada para resistir aos esforços solicitantes.

- **Elementos de alvenaria protendida** – elementos de alvenaria nos quais são utilizadas armaduras ativas.

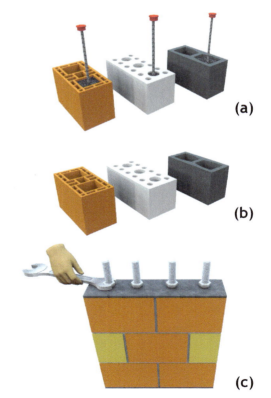

Figura 1.40 – Exemplos de (a) alvenaria armada, (b) alvenaria não armada e (c) alvenaria protendida.

1.7 Produção literária nacional

Tabela 1.1 – Produção literária nacional sobre alvenaria estrutural.

	Título	Autor(es)
1	Manual técnico de alvenaria	ABCI
2	Alvenaria estrutural	Coêlho, R. S.
3	Recomendações para o projeto e execução de edifícios de alvenaria estrutural	Duarte, R. B.
4	Construindo em alvenaria estrutural	Roman, H. R.; Mutti, C. N.; Araújo, H
5	Alvenaria racionalizada	Lordsleem Jr., A. C.
6	Projeto de edifícios de alvenaria estrutural	Ramalho, M. A.; Corrêa, M. R. S.
7	Projeto e execução da alvenaria estrutural	Manzione, L.
8	Alvenaria estrutural	Tauil, C. A.; Nese, F. J. M.
9	Alvenaria estrutural em blocos cerâmicos: projeto, execução e controle	Parsekian, G. A.; Soares M. M.
10	Parâmetros de projeto de alvenaria estrutural com blocos de concreto	Parsekian, G. A.
11	Comportamento e dimensionamento de alvenaria estrutural	Pasekian, G. A.; Hamid, A. A.; Drysdale, R. G.
12	A nova normalização brasileira para alvenaria estrutural	Sánchez, E.
13	Construções em alvenaria estrutural: materiais, projeto e desempenho	Mohamad, G.
14	Alvenaria estrutural: cálculo, detalhamento e comportamento	José Luiz Pereira

Para utilizar os recursos didáticos da literatura sobre alvenaria estrutural, torna-se necessário conhecer as referências de literatura nacionais para o entendimento e o ensino sobre o sistema construtivo.

1.8 Referências

Livros e dissertações

ADAM, J. P. **Roman building.** Materials and techniques. London: New York: Routledge, 1994.

ABCI — ASSOCIAÇÃO BRASILEIRA DE CONSTRUÇÃO INDUSTRIALIZADA. **Manual técnico de alvenaria**. São Paulo, 1990.

CARVALHO, M. C. R. **Caracterização da tecnologia construtiva de Eladio Dieste:** contribuições para a inovação do projeto arquitetônico e da construção em alvenaria estrutural. 2004. 232 f. Tese (Doutorado em Engenharia Civil) — Universidade Federal de Santa Catarina, Florianópolis, 2004.

CAVALHEIRO, O. P. **Fundamentos de alvenaria estrutural**. Santa Maria: UFSM, 1995.

ENADE — EXAME NACIONAL DE DESEMPENHO DE ESTUDANTES. **Caderno de arquitetura e urbanismo**: questão 13. Brasília, DF, 2008.

HENDRY, A. W. Engineered design of masonry buildings: fifty years development in Europe. **Progress in Structural Engineering and Materials**, London, v. 4, p. 291-300, 2002.

LOURENÇO, P. B.; BARROS, J. A.; OLIVEIRA, J. T. Soluções industrializadas para cascas de betão com elementos cerâmicos incorporados. In: ENCONTRO NACIONAL SOBRE BETÃO ESTRUTURAL, 2004, Lisboa. **Anais...** Porto: Faculdade de Engenharia da Universidade do Porto, 2002. p. 213-222.

MOHAMAD, G. **Mecanismo de ruptura de alvenaria de blocos à compressão.** 2007. 312 f. Tese (Doutorado em Engenharia Civil) — Escola de Engenharia, Universidade do Minho, Guimarães, 2007.

MOHAMAD, G.; RIZZATTI, E. Introdução à alvenaria estrutural. In: SANCHES, E. (Org.). **Nova normalização brasileira para a alvenaria estrutural.** Rio de Janeiro: Interciência, 2013. p. 7-40. v. 1.

MORAES, M. P. **As estruturas nas geometrias das coberturas arquitetônicas**. 2010. 130 f. Dissertação (Mestrado em Arquitetura e Urbanismo) — Universidade São Judas Tadeu, São Paulo, 2010.

PARSEKIAN, G. A.; HAMID, A. A.; DRYSDALE, R. G. **Comportamento e dimensionamento de alvenaria estrutural.** São Carlos: EdUFSCar, 2012.

RAMALHO, M. A.; CORRÊA, M. R. S. **Projetos de edifícios de alvenaria estrutural.** São Paulo: Pini, 2003.

REBELLO, Y. C. P. **A concepção estrutural e a arquitetura.** 4. ed. São Paulo: Zigurate, 2006.

SÁNCHEZ, I. B. **Strengthening of arched masonry structures with composite materials.** 2007. 260 f. Tese (Doutorado em Engenharia Civil) — Escola de Engenharia, Universidade do Minho, Guimarães, 2007.

SILVA, M. M. A. **Diretrizes para o projeto de alvenarias de vedação.** 2003. 67 f. Dissertação (Mestrado em Engenharia) — Departamento de Engenharia de Construção Civil da Escola Politécnica da Universidade de São Paulo, São Paulo, 2003.

STEVENSON. S. **Architecture:** the world's greatest buildings explored and explained. Collingdale: Diane Publishing Company, 1997.

STRICKLAND, C. **Arquitetura comentada:** uma breve viagem pela história da arquitetura. Rio de Janeiro: Ediouro, 2003.

Fontes das imagens da internet

Figura 1.29 – Edificações destruídas pelas ações sísmicas, terremoto de Long Beach, Califórnia.
Fonte: <http://www.steelcactus.com>. Acesso em: 14 maio 2015.

Figura 1.25 – Abóbada de tijolo armado com dupla curvatura.
Fonte: Igor Fracalossi. "CEASA de Porto Alegre cumpre 40 anos". 19 mar. 2014. **ArchDaily Brasil.** Disponível em: <http://www.archdaily.com.br/183777/ceas-de-porto-alegre cumpre-40-anos>. Acesso em: 7 maio 2015.

Figura 1.30 – Colapso progressivo no edifício de apartamentos Ronan Point, Londres (1968).
Fonte: <http://www.ebanataw.com.br/roberto/concreto/ColapsoProgressivo01.JPG>. Acesso em: 14 maio 2015.

Figura 1.38 – Colapso de 1968, no edifício de apartamentos Ronan Point, Londres.
Fonte: <http://www.tqs.com.br/tqs-news/consulta/58-artigos/1009-colapsoprogressivo-dos-edificios-breve-introducao>. Acesso em: 16 set. 2016.

2 Materiais:
componentes e elementos

O presente capítulo reúne as principais propriedades dos materiais que compõem alvenaria estrutural mais empregados no Brasil, aliadas aos requisitos e às recomendações normativas importantes para o desenvolvimento projetual e também para a execução de projetos no sistema construtivo em alvenaria.

2.1 Bloco

As principais unidades que compõem a alvenaria estrutural mais adotada no Brasil são: bloco cerâmico, bloco de concreto e bloco sílico-calcário.

Bloco cerâmico é constituído pela argila, esta composta de sílica, silicato de alumínio e variadas quantidades de óxidos ferrosos, podendo ser calcária ou não calcária.

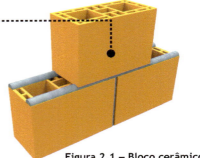

Figura 2.1 – Bloco cerâmico.

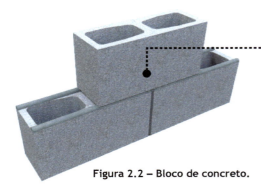

Bloco de concreto é constituído por: areia, pedra, cimento, água e aditivos para aumentar a coesão da mistura ainda fresca.

Figura 2.2 – Bloco de concreto.

Bloco sílico-calcário é produzido por meio da prensagem e da cura por vapor a alta pressão de areia quartzosa e cal.

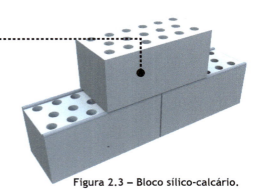

Figura 2.3 – Bloco sílico-calcário.

Unidades cerâmicas

Os blocos e os tijolos cerâmicos para a alvenaria estrutural devem apresentar propriedades físicas (**aspecto, dimensão, absorção de água, esquadro e planeza**) de acordo com as recomendações normativas da NBR 15270-2:2005. Eles apresentam furos prismáticos perpendiculares à face que os contém, sendo assentados com os furos na vertical.

A Norma NBR 15270-2:2005 classifica as unidades cerâmicas de acordo com sua geometria:

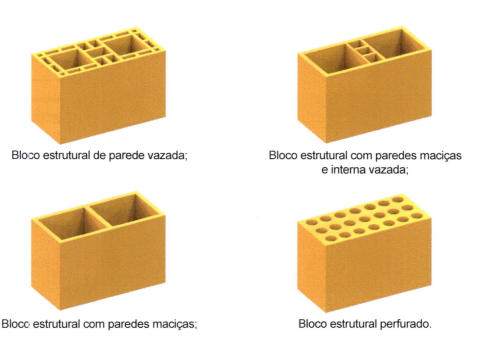

Figura 2.4 – Geometria dos blocos cerâmicos.

O bloco estrutural deve possuir a forma de um prisma reto normalizado por meio de: dimensões de fabricação de blocos cerâmicos estruturais, tolerâncias dimensionais relacionadas à média das dimensões efetivas e dimensões mínimas dos septos das unidades. A **Tabela 2.1** apresenta as dimensões de fabricação e a **Tabela 2.2**, as tolerâncias dimensionais.

Tabela 2.1 – Dimensões de fabricação (cm).

Dimensão (L x H x C)		
Módulo dimensional M = 10 cm	Largura (L)	Altura (H)
(5/4)M × (5/4)M × (5/2)M		11,5
(5/4)M × (2)M × (5/2)M	11,5	19
(5/4)M × (2)M × (3)M		
(5/4)M × (2)M × (4)M		
(3/2)M × (2)M × (3)M	14	19
(3/2)M × (2)M × (4)M		
(2)M × (2)M × (3)M	19	19
(2)M × (2)M × (4)M		

Comprimento (C)			
Bloco principal	1/2 bloco	Amarração (L)	Amarração (T)
24	24	—	36,5
24	24	—	36,5
29	24	26,5	41,5
39	24	31,5	51,5
29	24	—	44
39	24	34	54
29	24	34	49
39	24	—	59

Bloco L – bloco para amarração em paredes em L. Bloco T – bloco para amarração em paredes em T.

Fonte: ABNT (2005b).

Tabela 2.2 – Tolerâncias dimensionais relacionadas à média das dimensões efetivas.

Dimensão	Tolerâncias dimensionais relacionadas às medições individuais (mm)	Tolerâncias dimensionais relacionadas à média (mm)
Largura (L)	± 5	± 3
Altura (H)	± 5	± 3
Comprimento (C)	± 5	± 3
Desvio em relação ao esquadro (D)	3	
Planeza das faces ou flecha (F)	3	

Fonte: ABNT (2005b).

Amostragem de 13 corpos de prova em relação ao comprimento.

Amostragem de 13 corpos de prova em relação à altura.

Amostragem de 13 corpos de prova em relação à largura.

Figura 2.5 – Tipos de amostragem.

Os blocos cerâmicos estruturais de paredes vazadas devem possuir **septos internos**.

- Deve haver espessura mínima de 7 mm para paredes internas e 8 mm para paredes externas.

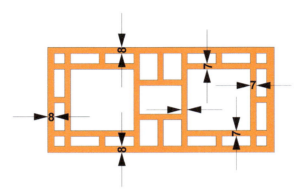

Figura 2.6 – Dimensões mínimas dos septos das unidades cerâmicas com paredes vazadas.

- A espessura mínima das paredes dos blocos cerâmicos de paredes maciças deve ser de 20 mm, podendo as paredes internas apresentarem vazados, desde que a sua espessura total seja maior ou igual a 30 mm, sendo 8 mm a espessura mínima de qualquer septo.

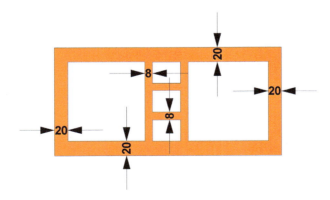

Figura 2.7 – Dimensões mínimas dos septos das unidades cerâmicas com paredes maciças.

São importantes para os blocos cerâmicos as propriedades de sucção inicial, absorção de água e resistência à compressão. O índice de absorção de água dos componentes cerâmicos não deve ser inferior a 8% nem superior a 22%.

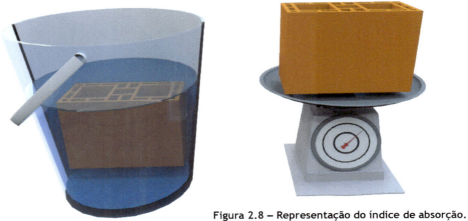

Figura 2.8 – Representação do índice de absorção.

A diferença entre o peso saturado e o peso seco é de fundamental importância para o executor, sendo:

> 22 Absorção maior que 22% – pode ocasionar a falta de água para hidratação do cimento ou retração da argamassa.

< 8 Absorção menor que 8% – pode gerar argamassa com fraca aderência ao bloco.

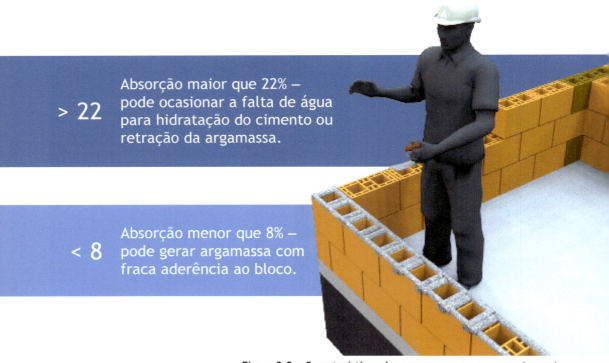

Figura 2.9 – Características das argamassas para o assentamento.

Resistência característica à compressão: é a principal propriedade da unidade; os blocos devem atingir os requisitos mínimos permitidos, bem como as exigências do projeto estrutural. A resistência característica à compressão dos blocos estruturais deve ser referida sempre na **área bruta**.

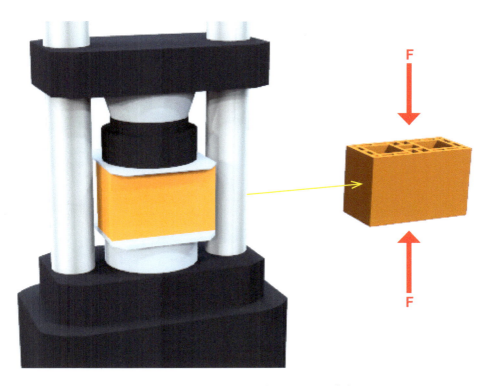

Figura 2.10 – Resistência característica.

De acordo com a norma NBR 15270-2: 2005, a resistência característica à compressão (f_{bk}) dos blocos cerâmicos estruturais deve ser considerada a partir de 3,0 MPa referida na área bruta.

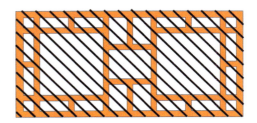

Figura 2.11 – Área bruta do bloco cerâmico.

Unidades de concreto

Os blocos de concreto são unidades estruturais vazadas, vibrocompactadas e produzidas por industrias de pré-fabricação do concreto. Por definição, o termo bloco vazado é empregado quando a unidade possui área líquida igual ou inferior a 75% da área bruta.

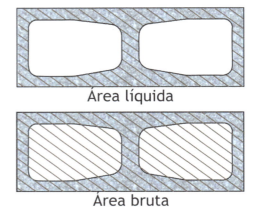

Figura 2.12 – Área líquida e área bruta.

As unidades são especificadas de acordo com as suas dimensões nominais, ou seja, dimensões comerciais indicadas pelos fabricantes, múltiplas do módulo M = 10 cm de seus submódulos 2M x 2M x 4M (L x H x C).

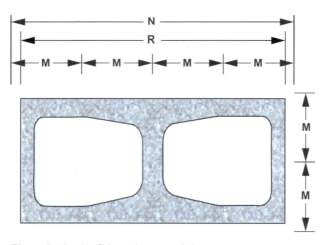

Legenda:
N = dimensão real
R = dimensão nominal
M = módulo de 10 cm

Figura 2.13 – Medida e ajuste modular.

A partir das dimensões nominais especificadas pelo fabricante para largura, altura e comprimento, são definidas as dimensões reais verificadas diretamente no bloco (2M-1) x (2M-1) x (4M-1).

De acordo com a NBR 6136:2014, os blocos de concreto simples, com ou sem função estrutural, classificam-se em:

Classe A – blocos com função estrutural, para uso em elementos de alvenaria acima **(a)** ou abaixo **(b)** do nível do solo.

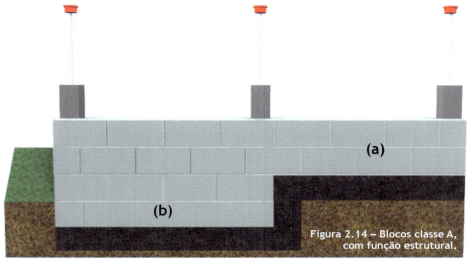

Figura 2.14 – Blocos classe A, com função estrutural.

Classe B – blocos com função estrutural, para uso em elementos de alvenaria acima do nível do solo.

Classe C – blocos com e sem função estrutural, para uso em elementos de alvenaria acima do nível do solo.

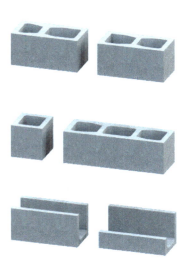

Figura 2.15 – Exemplos de blocos de concreto classe B.

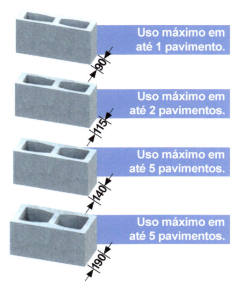

Figura 2.16 – Exemplos de blocos de concreto classe C, dimensões em mm.

49

Algumas características mecânicas dependem do material constituinte da unidade, da umidade do material usado na moldagem, da proporção destes na mistura, do grau de compactação e do método de cura. Desse modo, é recomendado que a dimensão máxima do agregado não ultrapasse a **metade da menor** espessura de parede de blocos.

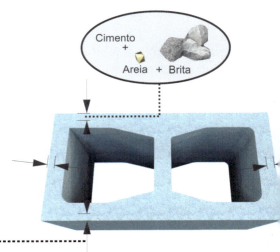

Figura 2.17 – Dimensão máxima do agregado para fabricação do bloco

Os blocos de concreto devem apresentar as propriedades a seguir:

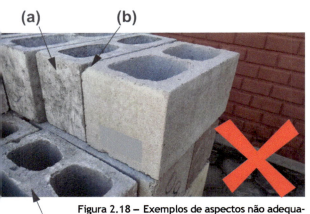

Figura 2.18 – Exemplos de aspectos não adequados para os blocos de concreto: (a) coloração diferente; (b) arestas não definidas; (c) imperfeições e irregularidades na superfície.

Aspecto: os blocos devem possuir aspecto homogêneo e compactos e arestas bem definidas e livres de trincas ou imperfeições que possam prejudicar o seu assentamento, bem como as características mecânicas da edificação.

Dimensões: devem atender aos critérios de tolerância impostos pela NBR 6136: 2014. Entre eles, a tolerância máxima de fabricação (Figura 2.16) e das paredes mínimas para produção do bloco por classe (Tabela 2.3) e as dimensões nominais em famílias (Tabela 2.4).

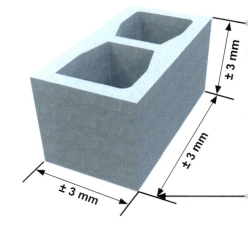

Figura 2.19 – Tolerâncias máximas de fabricação conforme a NBR 6136:2014.

Tabela 2.3 – Designação por classe, largura dos blocos e espessura mínima das paredes dos blocos.

Classe	Largura nominal (mm)	Paredes longitudinais[1] (mm)	Paredes tranversais	
			Paredes[1] (mm)	Espessura[2] equivalente (mm)
A	190	32	25	188 75/0,4
A	140	25	25	188 75/0,4
B	190	32	25	188 75/0,4
B	140	25	25	188 75/0,4
C	190	18	18	135 54/0,4
C	140	18	18	135 54/0,4
C	115	18	18	135 54/0,4
C	90	18	18	135 54/0,4
C	65	15	15	113 45/0,4

[1] Média das medidas das paredes tomadas no ponto mais estreito.
[2] Soma das espessuras de todas as paredes transversais aos blocos (em milímetros) dividida pelo comprimento nominal do bloco (em metros).

Fonte: ABNT (2014).

Tabela 2.4 – Dimensões nominais.

Família			20 x 40	15 x 40	15 x 3...
Medida normal (mm)		Largura (mm)	190→	140→	
		Altura (mm)	190	190	
	Comprimento (mm)	Inteiro (mm)	390	390	2...
		Meio (mm)	◄190	◄190	◄...
		2/3 (mm)	——	——	
		1/3 (mm)	——	——	
		Amarração L	——	340	
		Amarração T	——	540	440
		Compensador A	◄90	◄90	——
		Compensador B	◄40	◄40	——
		Canaleta inteira	390	390	29...
		Meia canaleta	190	190	14...

,5 x 40	12,5 x 25	12,5 x 37,5	10 x 40	10 x 30	7,5 x 40
	115		90		65
190	190	190	190	190	190
390	240	365	390	290	390
190	115	—	190	140	190
—	—	240	—	190	—
—	—	115	—	90	—
—	—	—	—	—	—
—	365	—	—	290	—
90	—	—	90	—	90
40	—	—	40	—	40
390	240	365	390	290	—
190	115	—	190	140	—

Fonte: ABNT (2014).

Os ensaios a serem executados são: absorção de água; resistência à compressão; retração linear por secagem; análise dimensional; área líquida; e permeabilidade.

Absorção de água: a absorção de água média dos blocos para qualquer uma das classes de blocos de concreto deve ser menor ou igual a 10% quando o agregado constituinte do bloco for de peso normal e menor ou igual a 13% (valor médio) ou 16% (valor individual) para agregado leve.

Figura 2.20 – Absorção de água no bloco de concreto.

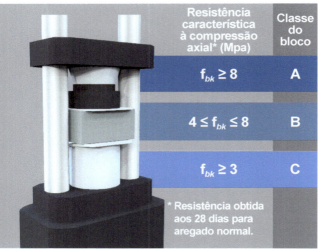

Figura 2.21 – Resistência mecânica no bloco de concreto.

Resistência à compressão: as resistências devem atingir os requisitos mínimos da norma específica, bem como as exigências do projeto estrutural.

Retração na secagem: para blocos de concreto com índices de retração inferiores a 0,065% (NBR 6136: 2014), as solicitações devidas à retração por secagem podem ser desprezadas.

Figura 2.22 – Secagem no bloco de concreto.

Os compradores deverão verificar se os blocos têm arestas vivas e não apresentam trincas, bem como outros defeitos que possam prejudicar o seu assentamento, afetando a resistência e a durabilidade da construção. Não é permitida qualquer pintura que oculte defeitos eventualmente existentes no bloco.

Figura 2.23 – Bloco de concreto em perfeitas medidas.

A NBR 6136:2014 define o número de amostras necessárias, de acordo com a Tabela 2.5. O ensaio de retração é facultativo, sendo que, necessariamente, os ensaios de permeabilidade devem ser realizados para os blocos aparentes.

Tabela 2.5 – Blocos para ensaios.

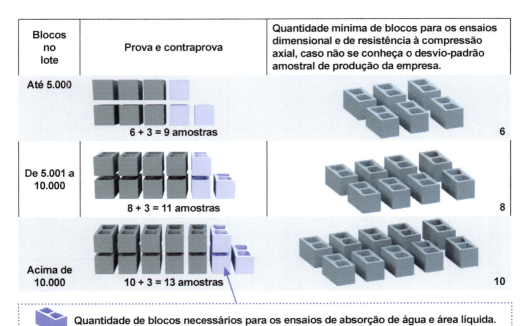

Fonte: ABNT (2014).

Unidades de sílico-calcário

Os blocos sílico-calcários são classificados por tipo e devem atender à modulação de 12,5 cm ou 20 cm de altura ou comprimento, incluindo 1 cm referente à dimensão teórica da junta de argamassa, podendo ter variação em sua altura. A tolerância dimensional dos blocos deve ser de ±2 mm em qualquer dimensão.

Tabela 2.6 – Formas e dimensões do bloco modular.

		Tipo	Largura (cm)	Altura (cm)	Comprimento (cm)
Modulação (cm)	Módulo 12,5 cm	Maciço	11,50	7,10	24,0
		Maciço	11,50	5,20	24,0
		Furado, perfurado ou vazado	11,50	11,30	24,00
		Furado, perfurado ou vazado	14,50	11,30	24,00
		Furado, perfurado ou vazado	17,50	11,30	24,00
	Módulo 20 cm	Vazado	9,00	19,00	39,00
		Vazado	14,00	19,00	39,00
		Vazado	19,00	19,00	39,00

Fonte: ABNT (2003).

Quanto à sua aplicação, são divididos em blocos para (a) alvenaria de vedação, (b) para alvenaria estrutural armada e (c) alvenaria estrutural não armada.

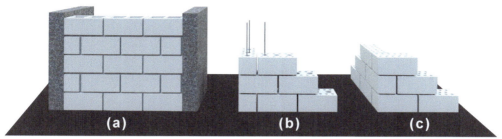

Figura 2.24 – Blocos segundo a sua aplicação.

Os blocos devem ter aspecto homogêneo e compacto, com arestas vivas, e ser livres de trincas, fissuras ou outras imperfeições que possam prejudicar seu assentamento ou afetar a resistência e a durabilidade da construção (NBR 14974-1:2003).

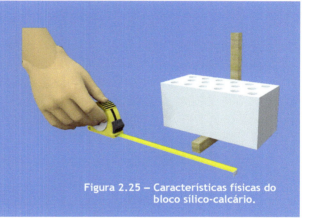

Figura 2.25 – Características físicas do bloco sílico-calcário.

A absorção de água para todas as classes de blocos sílico-calcários deve estar entre 10% e 18%.

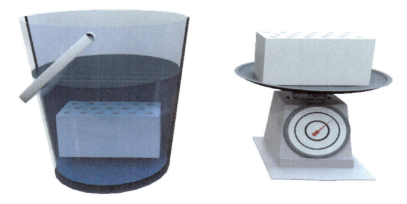

Figura 2.26 – Absorção de água no bloco sílico-calcário.

Os blocos de sílico-calcários são divididos em classes de resistência, conforme a Tabela 2.7. O valor da resistência característica à compressão dos blocos sílico-calcários é calculada pela Equação (2.1):

$$f_{bk} = f_b - s \quad (2.1)$$

Em que f_b é a média aritmética das resistências à compressão da amostra em MPa e s é o desvio-padrão da resistência à compressão da amostra.

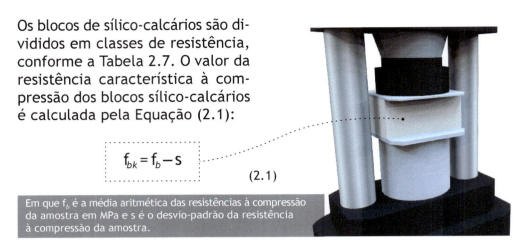

Figura 2.27 – Resistência mecânica do bloco sílico-calcário.

De forma a racionalizar uma construção, é uma solução econômica utilizar blocos de diferentes resistências em uma mesma obra, uma vez que os andares inferiores precisam resistir a maiores cargas acumuladas que os andares superiores. Também é importante definir quais são as paredes estruturais e as paredes de vedação dentro de um projeto, pois estas últimas também podem ser assentadas com blocos de menor resistência.

Tabela 2.7 – Classes de resistência dos blocos sílico-calcário.

Classes de blocos sílico-calcários	Resistência à compressão
Classe A	4,5 MPa
Classe B	6,0 MPa
Classe C	7,5 MPa
Classe D	8 MPa
Classe E	10 MPa
Classe F	12 MPa
Classe G	15 MPa
Classe H	20 MPa
Classe I	25 MPa
Classe J	35 MPa

Fonte: ABNT (2003).

Figura 2.28 – Modelo de uso de blocos sílico-calcários em edificações.

2.2 Argamassa

Além das unidades, é importante destacar o comportamento da argamassa de assentamento, pois é por meio desta que se garantem o monolitismo e a solidez necessários à parede.

As argamassas são materiais fundamentais para alvenaria, compostas por cimento e/ou cal, água, areia e/ou aditivos. Têm como função principal transmitir todas as ações verticais e horizontais atuantes de forma a solidarizar as unidades, formando uma estrutura única. Assim, compatibilizam as deformações entre os blocos e corrigem as irregularidades causadas pelas variações dimensionais destes.

Figura 2.29 – Prisma sob compressão.

As principais propriedades da argamassa no **estado fresco** e no estado endurecido são apresentadas a seguir, na Tabela 2.8.

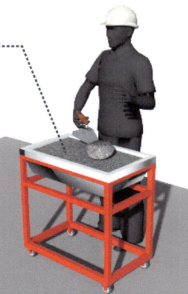

Figura 2.30 – Argamassa no estado fresco.

Tabela 2.8 – Requisitos para argamassa nos estados fresco e endurecido.

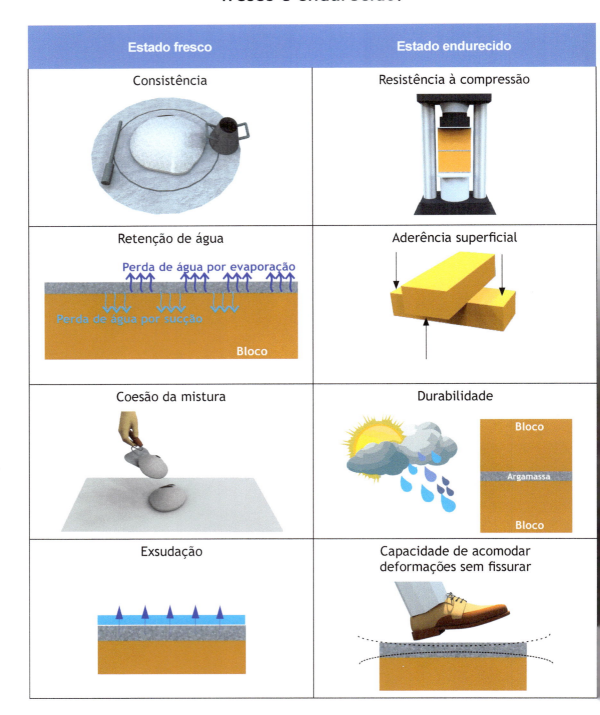

As argamassas utilizadas para o assentamento das unidades podem ser classificadas segundo os materiais presentes na mistura, como: argamassas de cal; argamassas de cimento; argamassas mistas (de cimento e cal); e argamassas industrializadas.

Argamassas de cal

Constituem-se de mistura de cal e areia. O endurecimento acontece em razão da carbonatação da cal, formando o carbonato de cálcio, e não por perda de água ou absorção do material ligante. São, portanto, indicadas para pequenas cargas ou ações de revitalização que não compatibilizem com o cimento. Exemplo: Vila Belga, Santa Maria/RS.

Argamassas de cimento

São compostas de cimento Portland e areia. Adquirem resistência com rapidez, garantindo a execução de diferentes fiadas sem o problema de esmagamentos nas argamassas das fiadas inferiores. São adequadas para o assentamento em regiões em contato com água e para o nivelamento da primeira fiada das alvenarias.

Argamassas mistas

Constituídas de cimento, cal e areia, quando adequadamente dosadas, apresentam vantagens em relação às argamassas de cal e de cimento. A presença do cimento confere à argamassa um aumento da resistência à compressão nas idades iniciais e a cal melhora a trabalhabilidade da mistura e a retenção de água, diminuindo a retração.

Argamassas industrializadas

Nesse caso, a cal é substituída por aditivos, plastificantes ou incorporadores de ar, o que, comparativamente, proporciona menor resistência de aderência e compressão, principalmente se o tempo de mistura for superior a 3 minutos. A dosagem e o processamento são feitos em central, reduzindo o tempo de produção em obra e a variação de traço, sendo necessária apenas a adição de água no canteiro.

A Tabela 2.9 abaixo demonstra a representatividade que cada material da mistura pode ter sobre as principais características de uma argamassa de assentamento.

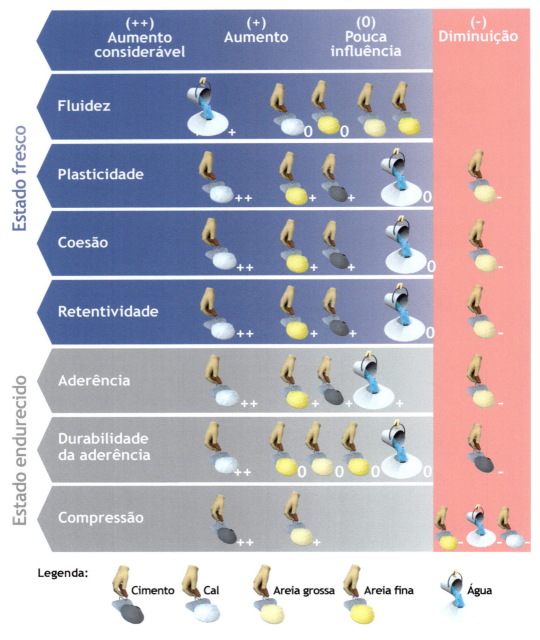

Tabela 2.9 – Influência dos materiais constituintes nas propriedades das argamassas.

Existem recomendações internacionais para as argamassas, como: ASTM C 270 (2008), BS 5628-1 (1992) e EN 998-2 (2003). As denominações foram retiradas da palavra MASON. Assim, os tipos de argamassa são: M, N, S e O. As Tabelas 2.10 e 2.11 apresentam o proporcionamento em volume de materiais, segundo a ASTM C 270 (2008) e a BS 5628-1 (1992), respectivamente. A NBR 15812-1 (2010) e a NBR 15961-1 (2011) designam as argamassas destinadas ao assentamento, sendo que devem atender aos requisitos estabelecidos na NBR 13281 (2005). Para a resistência à compressão, deve ser atendido o valor mínimo de 1,5 MPa e o máximo limitado a 0,7 f_{bk} (resistência característica do bloco) na área líquida.

M Essa mistura proporciona alta resistência, sendo indicada para alvenarias armada e não armada submetidas a altas cargas de compressão. São apropriadas, então, para resistir a pressões de terra, solicitações de vento e terremotos, ou seja, para estruturas abaixo e acima do nível do solo.

N É usual para estruturas acima do nível do solo, sendo recomendada para paredes externas e internas e também para a técnica de revestimento de pedras coladas na parede. Sua trabalhabilidade, sua resistência à compressão, sua flexão seu custo são parâmetros que a recomendam para as aplicações usuais.

O O alto teor de cal confere a esta argamassa uma baixa resistência. Por isso, ela é recomendada para paredes não estruturais (externa e interna) e paredes com "stone veneer", desde que não estejam sujeitas a umidade. É também usada em prédios de até dois pavimentos, possuindo boa trabalhabilidade e baixo custo.

S Possui uma alta resistência de aderência, o que a torna ideal frente a solicitações de tração. É também recomendada para estruturas submetidas à força de compressão de magnitude corrente, mas que requerem aderência quando solicitadas à flexão (pressão de solos em arrimos, vento, terremoto). Sua durabilidade recomenda-a para paredes junto ao solo (fundações, arrimos e pisos).

Figura 2.31 – Argamassas de acordo com ASTM C 270.

Tabela 2.10 – Traço em volume das argamassas M, S, N e O.

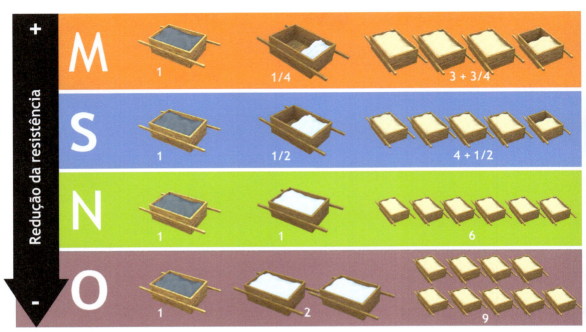

Resistência à compressão aproximada aos 28 dias: M = 17,2 MPa; S = 12,4 MPa; N = 5,2 MPa; O = 2,4 MPa.

Legenda em padiolas: Cimento, Cal, Areia

Consistência e abatimento
230 ± 10 mm

Retenção de água (%)
≥ 75

Ar na mistura (%)
M e N ≤ 12
S e O ≤ 14*

*Quando houver armadura incorporada à junta de argamassa, a quantidade de ar incorporado não poderá ser maior que 12%.

Fonte: ASTM (2008).

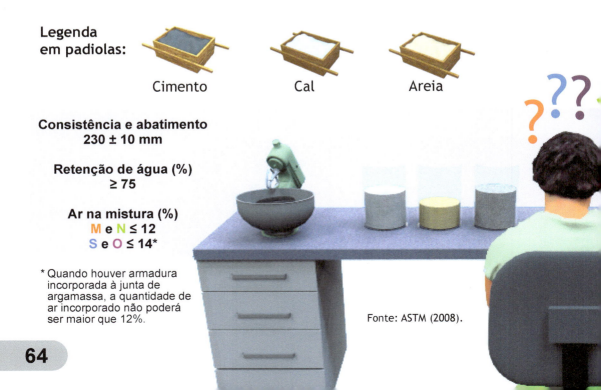

Tabela 2.11 – Especificações dos traços em volume e resistência média aos 28 dias.

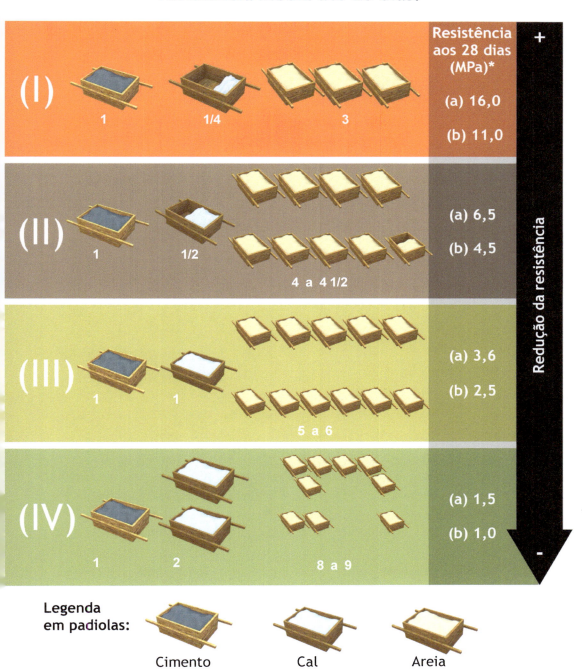

* Resistência à compressão média aos 28 dias em MPa, (a) para testes laboratoriais e (b) para testes *in loco*.

Fonte: BSI (1992).

2.3 Graute

O graute é um concreto ou argamassa que apresenta a fluidez necessária para preencher os vazios dos blocos, sem separação dos componentes. É composto por cimento, areia, pedrisco, água e, em algumas situações, pode ser adicionada cal na mistura para diminuir a retração.

Figura 2.32 – Prisma, graute e barra de aço em corte.

Pode ser utilizado para:

- Aumentar a capacidade de resistência à compressão da parede e solidificar as armaduras com a alvenaria;

- Como material de enchimento, atuar como reforço estrutural, principalmente em zonas de concentração de tensões.

O graute para alvenaria é composto de uma mistura de cimento e agregado, os quais devem possuir módulo de finura em torno de 4, os mesmos materiais usados para produzir concreto convencional. As diferenças estão no tamanho do agregado graúdo e na relação água/cimento.

Figura 2.33 – Agregados.

Podem ser utilizados alguns traços clássicos conforme as proporções em volume de cimento, areia e pedrisco:

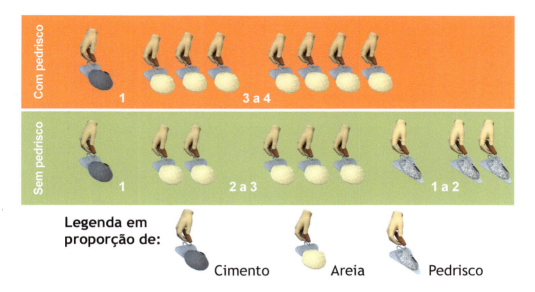

As principais propriedades que o graute deve apresentar são:

- **Consistência:** a mistura deve apresentar coesão e, ao mesmo tempo, **ter fluidez** a fim de preencher **todos os furos** dos blocos;

- **Retração:** não deve ocorrer separação entre o graute e as paredes internas dos blocos;

- **Resistência à compressão:** a resistência à compressão do graute, combinada com as propriedades mecânicas dos blocos e da argamassa, definirá as características à compressão da alvenaria. A norma BS 5628-1 (1992) especifica que o graute deve ter a mesma resistência à compressão na área líquida do bloco.

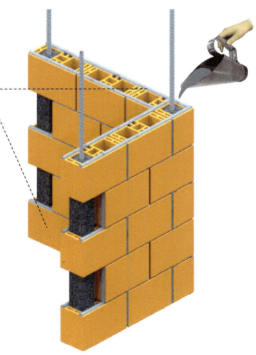

Figura 2.34 – Grauteamento de parede.

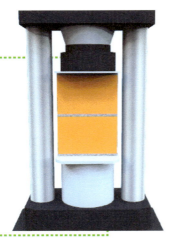

O graute deve ser dosado para que atinja as características físicas e mecânicas necessárias para o bom desempenho estrutural da parede. É recomendável que sejam sempre realizados ensaios de compressão em prismas feitos com os materiais a serem empregados na obra.

Figura 2.35 – Ensaio de prisma grauteado.

O lançamento do graute, geralmente, é realizado em duas ou três camadas ao longo da altura da parede, conforme a fluidez do material.

Figura 2.36 – Lançamento de graute na alvenaria.

2.4 Armadura

A armadura na alvenaria estrutural é utilizada para resistir a esforços de tração e cisalhamento. Eventualmente, pode ser utilizada para conectar paredes e outros elementos não estruturais, para evitar eventuais fissurações. Os tipos mais comuns são as barras de aço CA 50A. Não se deve esquecer da proteção contra corrosão, devendo ser bem adensada e com cobrimento adequado, conforme as especificações em projeto.

As ferragens também podem ser utilizadas conforme o exemplo abaixo:

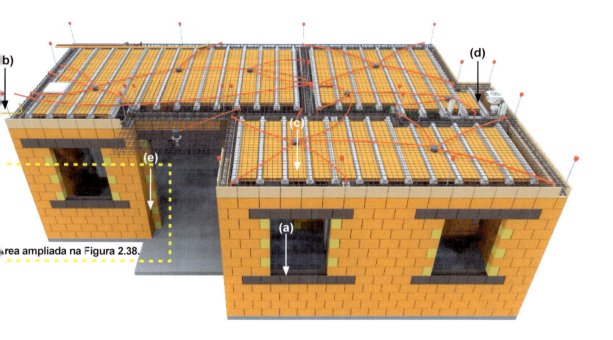

Figura 2.37 – Exemplos do emprego da armadura: (a) treliças; (b) barra de aço; (c) tela soldada; (d) vigotas pré-tensionadas; (e) grampos e telas em encontros de paredes.

É fundamental o uso de armaduras de reforço para controlar a fissuração por retração ou expansão que ocorre, normalmente, acima ou abaixo das aberturas, em função da diminuição da área da seção transversal da alvenaria. A Figura 2.38 mostra o emprego de algumas armaduras verticais e horizontais.

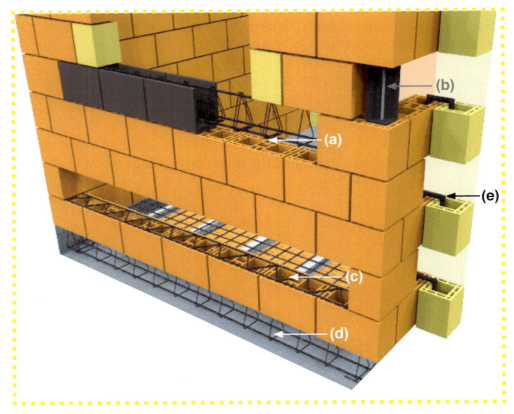

Figura 2.38 – Exemplos de armaduras na alvenaria: (a) treliça na contra verga; (b) barra vertical; (c) treliças planas; (d) armadura da cinta de amarração; (e) grampos.

As treliças planas na junta horizontal de assentamento devem ser longas o suficiente para distribuir as tensões de tração nas proximidades do entorno da abertura.

Embora a solução de grampear e grautear os furos entre os blocos atinja o objetivo estrutural, ainda podemos utilizar outros sistemas de amarração indireta. Como exemplo, a utilização de **telas compostas por arames galvanizados**. Por fim, ainda se recomenda, como prioridade, a amarração direta entre as unidades como a melhor forma de solidarizar as duas paredes.

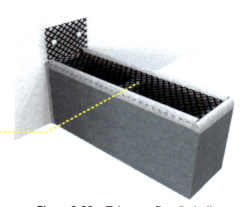

Figura 2.39 – Tela para fixação indireta.

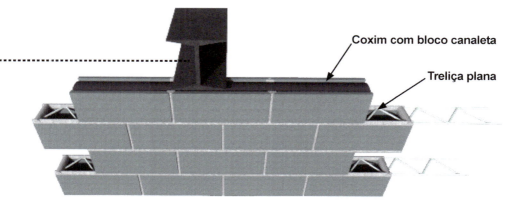

Figura 2.40 – Exemplo do emprego do uso do coxim e da treliça plana para distribuir as tensões concentradas na viga.

Figura 2.41 – Viga apoiada diretamente na alvenaria.

2.5 Referências

Livros e dissertações

ASTM — AMERICAN STANDARD TEST METHOD. **ASTM C 270**: mortar for unit masonry. Philadelphia: ASTM, 2008.

ABNT — ASSOCIAÇÃO BRASILEIRA DE NORMAS TÉCNICAS. **NBR 14974-1**: bloco sílico-calcário para alvenaria: parte 1: requisitos, dimensões e métodos de ensaio. Rio de Janeiro, 2003.

_____. **NBR 13281**: argamassa para assentamento e revestimento de paredes e tetos: requisitos. Rio de Janeiro, 2005a.

_____. **NBR 15270-2**: componentes cerâmicos: parte 2: blocos cerâmicos para alvenaria estrutural: terminologia e requisitos. Rio de Janeiro, 2005b.

_____. **NBR 15812-1**: alvenaria estrutural: blocos cerâmicos: parte 1: projetos. Rio de Janeiro, 2010.

_____. **NBR 15961-1**: alvenaria estrutural: blocos de concreto: parte 1: projetos. Rio de Janeiro, 2011.

_____. **NBR 6136**: bloco vazado de concreto simples para alvenaria estrutural: especificação. Rio de Janeiro, 2014.

BSI — BRITISH STANDARD INSTITUTION. **BS 5628-1**: code of practice for use of masonry: part 1: structural use of unreinforced masonry. London, 1992.

EN — EUROPEAN STANDARD. **EN 998-2**: specification for mortar for masonry: part 2: masonry mortar. Brussels, 2003.

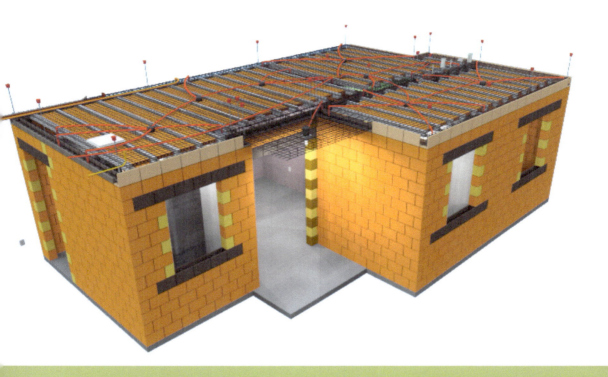

3 Projeto em alvenaria estrutural

O sucesso de um empreendimento em alvenaria estrutural inicia-se por um projeto adequado. Os projetos arquitetônicos em alvenaria estrutural se distinguem em alguns aspectos em relação aos sistemas tradicionais. Além das condicionantes habituais, o projeto, nesse sistema construtivo, estabelece algumas restrições, como: volumetria, simetria, dimensões máximas dos vãos e flexibilidade da planta. Condicionado pelas premissas básicas de restrições arquitetônicas e estruturais, este capítulo apresenta, de forma visual, as características e as possibilidades do sistema construtivo em alvenaria estrutural.

No Brasil, a construção civil de edifícios é um dos setores da economia em que houve pouquíssimo desenvolvimento nas últimas décadas. O arquiteto Siegbert Zanettini, da FAUUSP/SP, comenta:

"A construção civil é uma indústria atrasada, que perdeu muitas oportunidades e continua a perdê-las".

Por que a indústria da construção civil é ainda atrasada?

▶ Imaginava-se que todo o entulho na obra não ultrapassava 2% do custo total da edificação, pois era constituído basicamente por concreto, argamassa e tijolo.

▶ Ninguém percebia que existia o entulho agregado à construção por consequência das grandes espessuras de argamassas nas paredes, nos contrapisos para o nivelamento da laje e nas espessuras a mais de concreto.

▶ Levantamentos posteriores demonstraram que esse entulho extra representava de **5% a 10%** do custo total da obra.

▶ O desperdício agregado ao material e à mão de obra poderia chegar a **30% do custo total da obra**.

▶ O contexto do processo executivo e da falta de qualidade nos materiais e na mão de obra abre questionamentos sobre as técnicas construtivas empregadas e a necessidade de viabilizar processos construtivos RACIONAIS, que permitam ter menor desperdício de material e mão de obra.

Figura 3.1 – Entulho na construção.

Falta de uniformidade

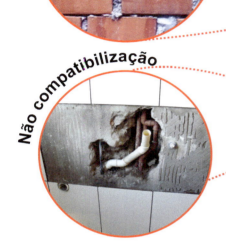
Não compatibilização

Rasgos na parede

Espessura do reboco

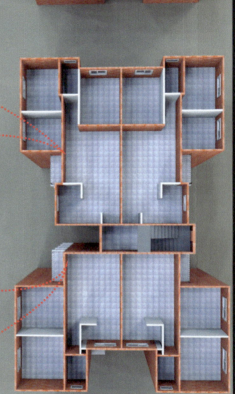

Figura 3.2 – Erros na construção civil.

75

3.1 Custos na construção civil

O **custo** de um bem/serviço é aquilo de que se necessita para obtê-lo (é todo o gasto envolvido na produção – custos fixos e variáveis).

Os custos variáveis são os custos que variam de acordo com o que se faturou em um mês, ou seja, é o custo que depende do volume de negócios da empresa.

Os custos fixos são todas as despesas que se deve pagar regularmente, como aluguel, luz, contador, funcionários, água, gás, telefone, entre outros.

Os custos da construção civil são classificados em diretos e indiretos:

- **Custos diretos:** ligados diretamente à execução dos serviços, incluindo os custos relativos à mão de obra, aos materiais e aos equipamentos utilizados.

- **Custos indiretos:** basicamente, os custos indiretos se dividem em duas categorias:
    a) administração da obra;
    b) administração central.

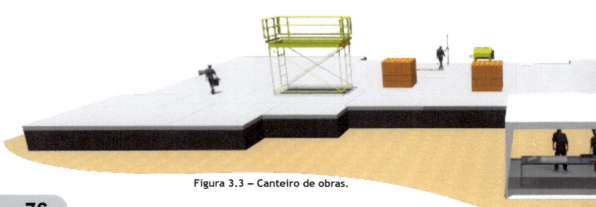

Figura 3.3 – Canteiro de obras.

- **Custos indiretos da administração da obra:**

incluem o pessoal administrativo da obra, a instalação e a operação do canteiro de obra, os gastos referentes a mobilização e desmobilização dos equipamentos, os impostos e as taxas incidentes diretamente sobre a obra, os materiais de consumo etc.

- **Custos indiretos da administração central:**

é o caso dos gastos com a administração central, as despesas financeiras, os impostos e as taxas da empresa etc.

PREÇO
é o que você paga.

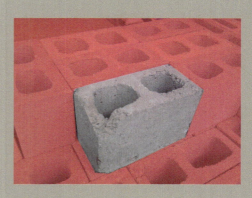

VALOR
é o que você leva!

O custo total da obra é a soma dos custos diretos e indiretos. As parcelas que compõem cada custo devem ser orçadas de forma minuciosa, procurando levantar todos os dados possíveis relacionados com o projeto para que se tenha um orçamento altamente detalhado, ou seja, o mais próximo possível da realidade.

Custo total da obra

Custos DIRETOS
- Materiais
- Mão de obra operacional
- Equipamentos

Custos INDIRETOS
- Despesas administrativas
- Despesas comerciais
- Despesas financeiras
- Despesas tributáveis
- Mão de obra técnica
- Canteiro de obras
- Segurança do trabalho
- Outros custos

Fatores que impulsionam o emprego de novas técnicas:

- Aumentou-se o número de andares dos edifícios, em função do encarecimento dos terrenos em zonas urbanas (estruturas mais deformáveis).

- A industrialização foi um avanço no conceito de racionalização, transformando a construção civil num processo de montagem.

- Grandes vãos proporcionados por lajes planas e nervuras abrigando mais vagas de garagem.

- A necessidade de introduzir um melhor ritmo de obra e uma maior produtividade.

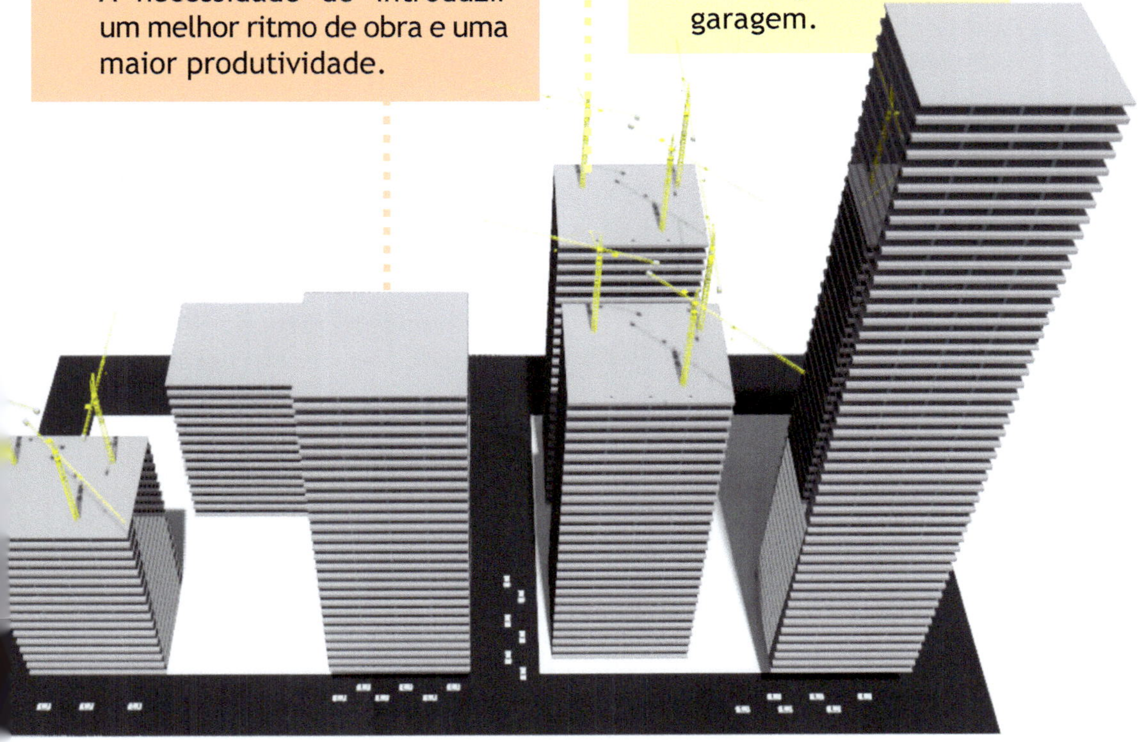

Figura 3.4 – Exemplo de edificação que contém os fatores que impulsionam o emprego de novas técnicas.

3.2 O custo das decisões tecnológicas

A alta competitividade entre as empresas na área da construção civil faz com que várias tecnologias sejam disponibilizadas no mercado, sendo uma delas a alvenaria estrutural. Esse sistema se caracteriza a partir de arranjo arquitetônico, coordenação dimensional e racionalização de projeto e produção. Esses aspectos são fundamentais para as definições tecnológicas independentemente do sistema construtivo a ser adotado.

Assim, abaixo, apresentam-se algumas combinações entre os sistemas construtivos, como exemplo a combinação entre alvenaria e (a) lajes planas, (b) lajes nervuradas e (c) transições em vigas de concreto.

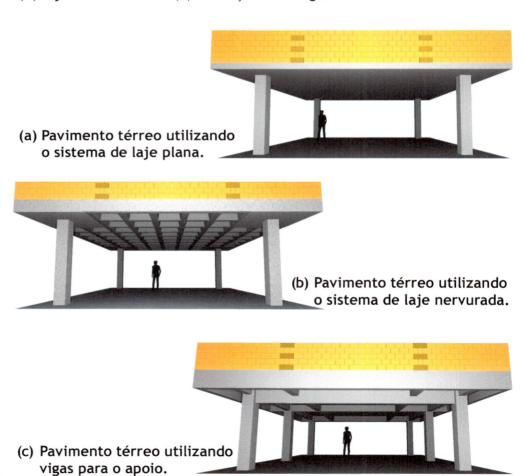

(a) Pavimento térreo utilizando o sistema de laje plana.

(b) Pavimento térreo utilizando o sistema de laje nervurada.

(c) Pavimento térreo utilizando vigas para o apoio.

Figura 3.5 – Exemplos de interação entre sistemas construtivos.

O que determina se o custo de uma solução tecnológica é maior ou menor é o contexto em que a obra está inserida, bem como as particularidades de cada projeto. Os aspectos competitivos na construção tradicional são representados por **CUSTO, TEMPO E QUALIDADE** (Figura 3.6). O que define as tecnologias construtivas e as soluções tecnológicas empregadas no projeto são as limitações de sistema, mão de obra e material disponível na região.

Figura 3.6 – Aspectos competitivos na construção tradicional com foco no projeto em suas relações com as tecnologias construtivas.
Fonte: adaptada de Mateus (2004).

O exemplo da Figura 3.7 mostra a importância das decisões tecnológicas para a definição final do sistema construtivo a ser empregado, principalmente para prédios com garagens no térreo.

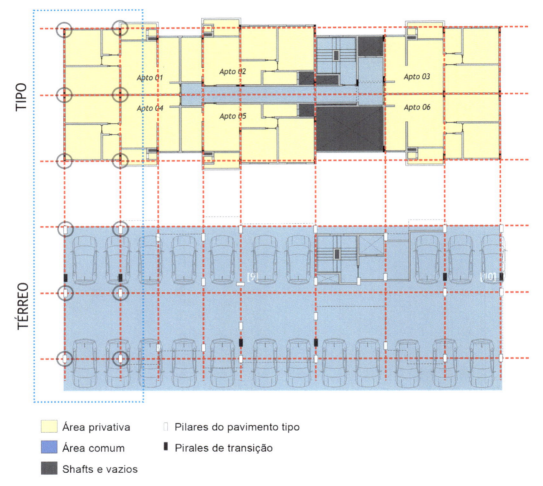

Figura 3.7 – Planta baixa dos pavimentos tipo e térreo do empreendimento.

Tabela 3.1 – Quadro de áreas.

Pavimento tipo (x 5 andares)	
Área privativa	347,40 m²
Área comum	37,76 m²
Área da laje	365,16 m²

Exemplos de soluções tecnológicas

Solução tecnológica 1: viga, pilar e laje maciça

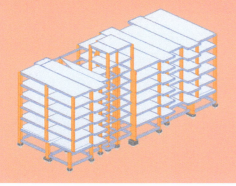

Nesse tipo de solução, deve ser considerada a área de formas, o volume de concreto e a quantidade de aço empregados na construção.

Solução tecnológica 2: pilar e laje cogumelo

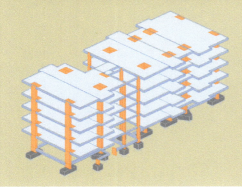

Esta técnica construtiva trabalha com painéis de laje maiores, viga de borda e paredes apoiadas diretamente sobre ela.

Solução tecnológica 3: alvenaria estrutural

Essa técnica construtiva emprega a parede como elemento estrutural, responsável por apoiar a laje e enrijecer a edificação.

Considerando mão de obra local e material disponível na região para viabilizar esta proposta, adotou-se a solução tecnológica em alvenaria estrutural viabilizando o pavimento térreo para acesso a garagem por meio da solução abaixo:

Pavimento térreo utilizando vigas para o apoio

Figura 3.8 – Solução tecnológica em alvenaria estrutural.

Algumas características do sistema construtivo adotado

Para a viabilidade e a racionalização do sistema construtivo em alvenaria estrutural, devem ser considerados os seguintes aspectos:

- utilização de armaduras, sejam elas: treliças, barras de aço, telas soldadas, entre outros;

- interação entre sistemas pré-moldados (vigotas, tavelas e cinta de amarração);

- projeto das instalações elétricas, hidráulicas, de gás, telefone, internet, TV, entre outras;

- utilização de divisórias internas leves, *shafts*, entre outros;

- paginação de todas as paredes;

- detalhamento de vergas, contravergas, cintas e coxins;

- modulação das paredes estruturais, 1ª e 2ª fiadas;

- pontos de grauteamento com os respectivos detalhamentos das armaduras.

Figura 3.9 – Sistemas envolvidos no processo.

3.3 Coordenação dimensional

Um dos aspectos mais relevantes é a definição do tipo de bloco a ser empregado no projeto.

A coordenação modular permite relacionar as medidas de projeto com as medidas modulares, por meio de um reticulado especial de referência (Roman; Mutti; Araújo, 1999).

Esta malha modular com medidas baseadas no tamanho do componente a ser usado é obtida mediante o traçado de um reticulado de referência, com um módulo básico escolhido (dimensões reais do bloco mais a espessura das juntas, cabendo salientar que, usualmente, os módulos são de 15 cm ou 20 cm).

Assim, alturas e comprimentos das paredes devem ser múltiplos do módulo básico.

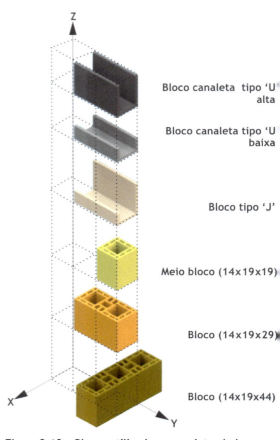

Figura 3.10 – Blocos utilizados no projeto abaixo.

- Bloco canaleta tipo 'U' alta
- Bloco canaleta tipo 'U' baixa
- Bloco tipo 'J'
- Meio bloco (14x19x19)
- Bloco (14x19x29)
- Bloco (14x19x44)

Vão modular – Esquadria

Vão modular – Porta

A partir das dimensões nominais, (J) é a distância prevista em projeto arquitetônico entre os componentes, denominada junta modular. O ajuste modular (A) relaciona a medida do componente com a medida modular (M). Como exemplificado abaixo, os blocos da família 29 cm, dimensão real (R), são especificadas de acordo com as suas dimensões nominais (N), 30 cm, estas múltiplas do módulo M = 15 cm e seus submúltiplos M x 2M x 2M (L x H x C), L = largura, H = altura e C = comprimento.

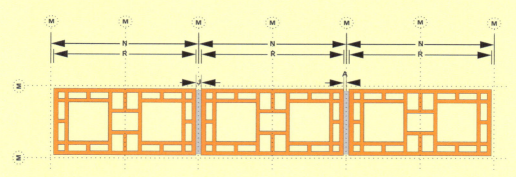

Figura 3.11 – Dimensão real (R), dimensão nominal (N), módulo (M), ajuste modular (A) e junta modular (J).

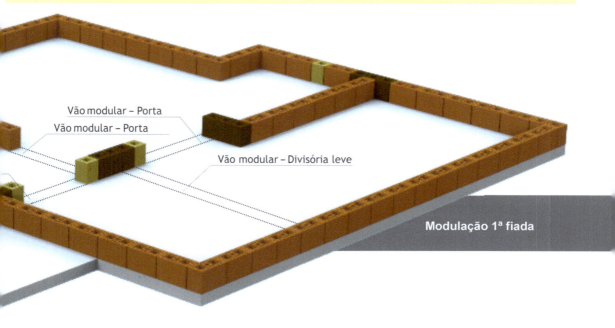

3.4 Amarrações

Amarração direta: padrão de ligação de paredes por intertravamento de blocos, obtido com a interpenetração alternada de 50% das fiadas de uma parede na outra. O exemplo abaixo ilustra a amarração de blocos a 50% no pavimento tipo.

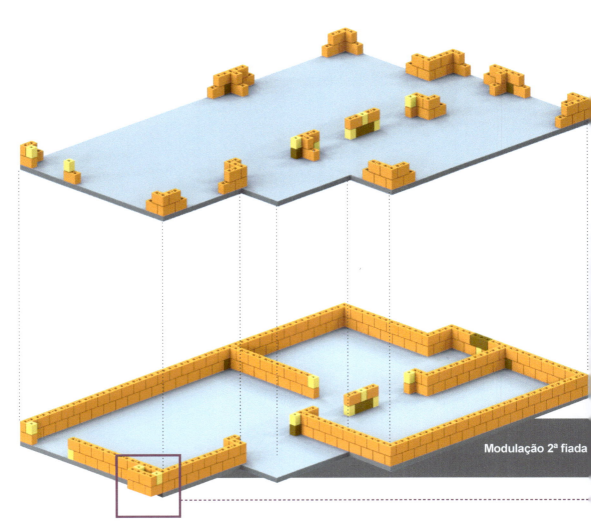

Figura 3.12 – Amarração de blocos a 50% no pavimento tipo.

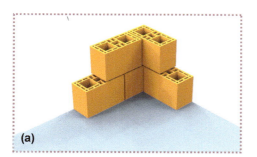

Tipos de encontro de paredes estruturais – amarração direta (exemplo família 15 cm x 30 cm):

(a) Amarração em "L";
(b) Amarração em "T" (necessita de bloco especial 45 cm);
(c) Amarração em cruz (necessita de bloco especial 45 cm).

Figura 3.13 – Exemplos de amarração direta em T, L e cruz (família 15 cm × 30 cm).

Amarração indireta: padrão de ligação de paredes com junta vertical a prumo em que o plano da interface comum é atravessado por armaduras normalmente constituídas por grampos metálicos devidamente ancorados em furos verticais adjacentes grauteados ou por telas metálicas ancoradas em juntas de assentamento.

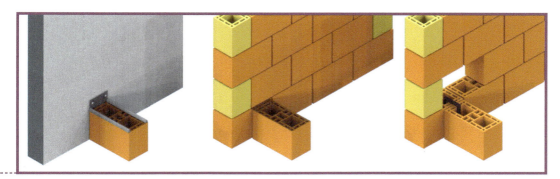

Figura 3.14 – Exemplos de juntas a prumo com as alternativas de vinculação com telas ou grampos.

3.5 Paginação de parede

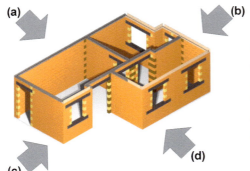

A modulação vertical advém da disposição espacial sobre a 1ª fiada. Assim, os demais vãos (esquadrias e portas) devem ser previstos em projeto de elevação de paredes conforme o exemplo abaixo:

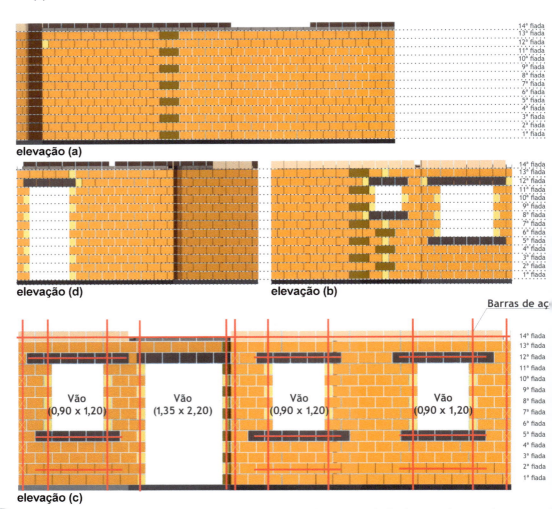

Figura 3.15 – Exemplos de modulação vertical, elevação das paredes externas

O responsável pelo projeto deve detalhar as alvenarias gerando plantas de primeira e segunda fiadas, bem como uma elevação de cada parede. Nas elevações, devem constar:

- posição de cada bloco;
- existência de pontos elétricos e hidráulicos;
- vergas;
- contravergas;
- pontos de graute;
- armaduras.

Esses detalhamentos visam ao incremento da construtibilidade do edifício, evitando os improvisos no canteiro de obras.

Portanto, a escolha do tipo de bloco e a modulação são responsáveis pela maior parte da racionalização obtida nas obras em alvenaria estrutural, tendo como referência a coordenação modular em ambas as direções (vertical e horizontal).

Figura 3.16 – Edificação modulada demonstrando o encaixe entre os sistemas envolvidos para a concepção de um projeto em Alvenaria Estrutural.

3.6 Forma do prédio

No projeto arquitetônico, a forma da edificação é, muitas vezes, condicionada por sua função. No caso da alvenaria estrutural, a forma também é condicionada pelo sistema construtivo. Do ponto de vista estrutural, a distribuição das paredes portantes e a forma da edificação devem ser rígidas o suficiente para resistir a esforços horizontais como a ação de vento. Abaixo, exemplos de efeitos da forma e da altura na rigidez do prédio (DRYSDALE, 1994; GALLEGOS, 1988).

Figura 3.17 – Efeitos da forma e da altura na rigidez do prédio.

Algumas relações dimensionais são recomendadas por Gallegos (1988), indicando parâmetros que visam a uma maior robustez da edificação em função da volumetria.

Abaixo está a relação entre os efeitos da forma e da altura de uma edificação na rigidez do prédio, levando-se em conta o comprimento (C), a largura (L) e a altura (H).

Figura 3.18 – Efeitos da forma e da altura na rigidez do prédio.
Fonte: adaptada de Gallegos (1988) e Drysdale (1994).

A imagem abaixo apresenta formas em planta baixa comparando-as ao círculo, a mais eficiente de todas as formas, por apresentar a maior área para um mesmo perímetro. Os esforços horizontais provocados pelo vento são o fator de maior relevância a ser considerado nos projetos.

Figura 3.19 – Redução da eficiência da envoltória externa.

Já neste caso, a figura abaixo apresenta o efeito da forma do prédio na resistência à torção por causa da atuação de forças horizontais, tomando-se como referência sempre uma planta deforma quadrada. Observa-se que o comprimento total das paredes externas é o mesmo em todas as plantas.

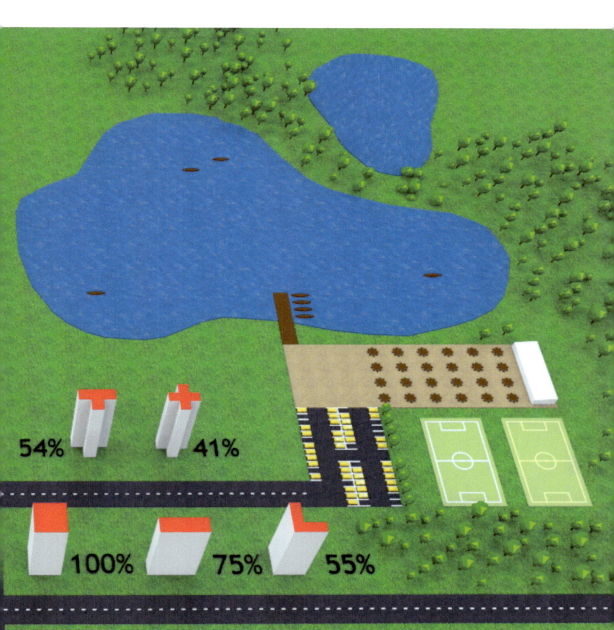

Figura 3.20 – Efeito da forma do prédio na resistência à torção em virtude da atuação de forças horizontais, formato do envelope.
Fonte: acaptada de Drysdale et al. (1994, 1999).

3.7 Distribuição e arranjo das paredes

Com relação ao arranjo das paredes estruturais, quanto mais simétrico é o projeto, mais efetivo será o resultado do lançamento estrutural. Por isso, deve-se procurar o equilíbrio na distribuição das paredes resistentes por toda a área da planta.

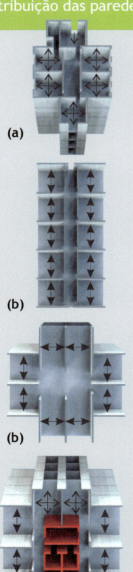

Hendry (1981) tipifica as principais soluções de distribuição de paredes estruturais apresentando três diferentes categorias:

(a) Sistema celular: a distribuição de carga das lajes ocorre tanto para as paredes internas quanto para as externas. As cargas de peso próprio de paredes e lajes distribuem-se igualmente, formando um padrão celular.

(b) Sistema transversal: os carregamentos das lajes são na direção das paredes internas, as quais são responsáveis por absorver a carga unidirecional das lajes e transmiti-la para os pavimentos inferiores. Existe a necessidade de um sistema de contraventamento na direção da aplicação da força horizontal de vento. Em ambas as situações, as paredes externas são de vedação, ou seja, não têm função estrutural.

(c) Sistema complexo: as paredes que circundam o núcleo rígido têm como função transmitir as cargas verticais e estabilizar a edificação em relação aos esforços horizontais entre os pavimentos, enquanto as paredes perimetrais externas não precisam ser necessariamente estruturais.

←——→ Sentido de descarga da laje

Figura 3.21 – Tipos de arranjos de paredes.
Fonte: Hendry, Sinha e Davies (1997).

A simetria da distribuição das paredes estruturais em um projeto é de fundamental importância, pois, conforme a sua disposição, deve ser obtida a localização do centro de massa (CM) e do centro de torção (CT) do prédio (ABCI, 1990).

Nestas situações em que o centro de massa (CM) coincide com o centro de torção (CT), podemos dizer que o prédio é simétrico. Nesse caso, não haverá efeito de torção nas paredes estruturais.

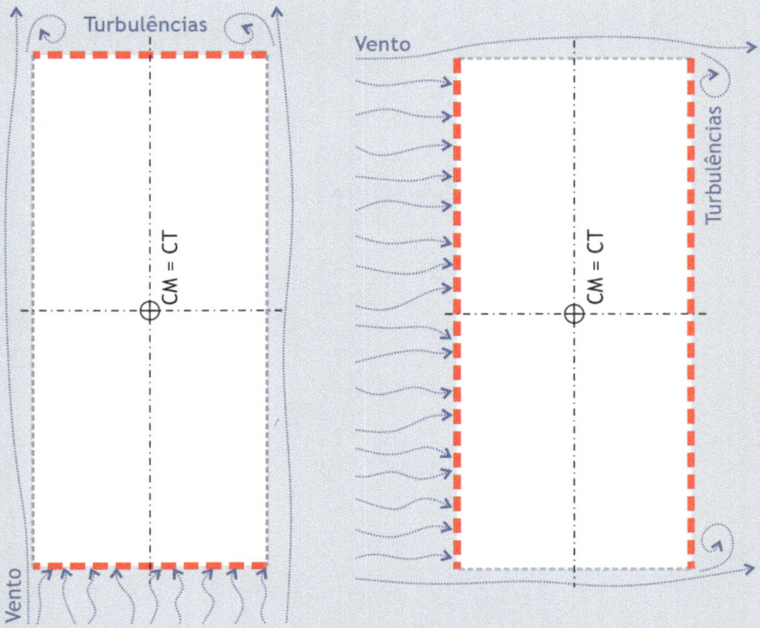

Figura 3.22 – (a) Vento na direção transversal; (b) vento na direção longitudinal; condição: CM = CT.

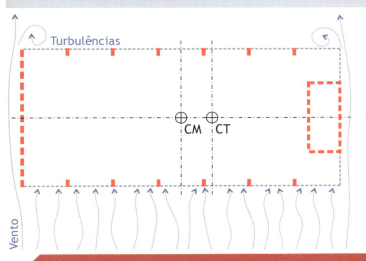

Já para um prédio não simétrico (em que CM ≠ CT), é necessário que o projetista procure distribuir as paredes resistentes por **toda a área da planta**.

Figura 3.23 – Vento na direção transversal ao edifício no qual CM ≠ CT.

Já prédios muito assimétricos podem causar concentração dos carregamentos em uma determinada região do edifício, podendo gerar torção na edificação quando combinados os efeitos de peso próprio e ação de vento.

3.8 Tipos de paredes

Uma parede de alvenaria estrutural pode ser planejada com diferentes formatos, os quais permitem a obtenção de maior rigidez, ou seja, paredes menos suscetíveis à flambagem (ROMAN; MUTTI; ARAÚJO, 1999). Os arranjos mais usados são os seguintes:

Paredes-diafragma ou fin walls

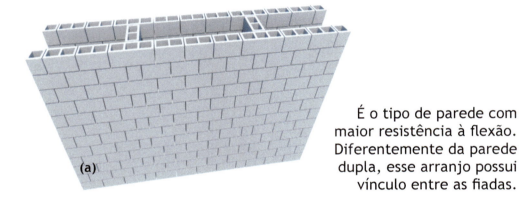

É o tipo de parede com maior resistência à flexão. Diferentemente da parede dupla, esse arranjo possui vínculo entre as fiadas.

Paredes em zigue-zague ou serpentina

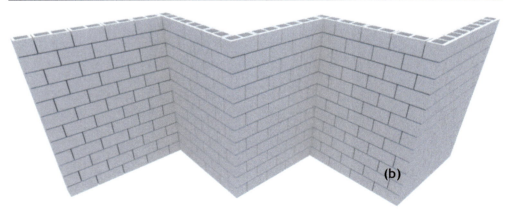

Esse tipo de arranjo é pouco convencional, mas eficiente, sendo a Igreja de Atlântida de Eladio Dieste o maior exemplo construído.

Paredes duplas

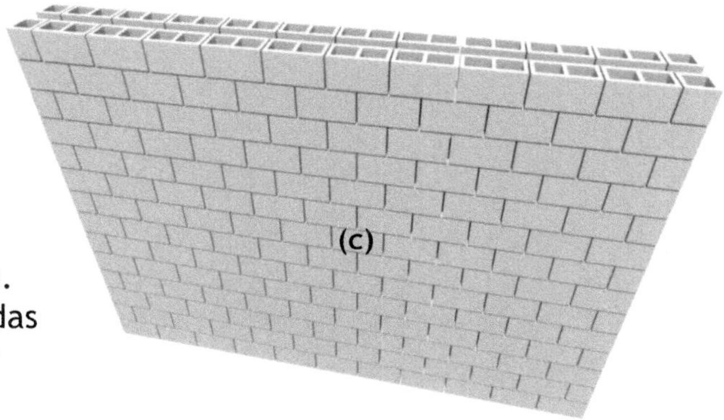

São paredes compostas de duas fiadas de blocos. Elas podem ser encostadas uma na outra ou possuir câmara de ar.

Paredes mais espessas

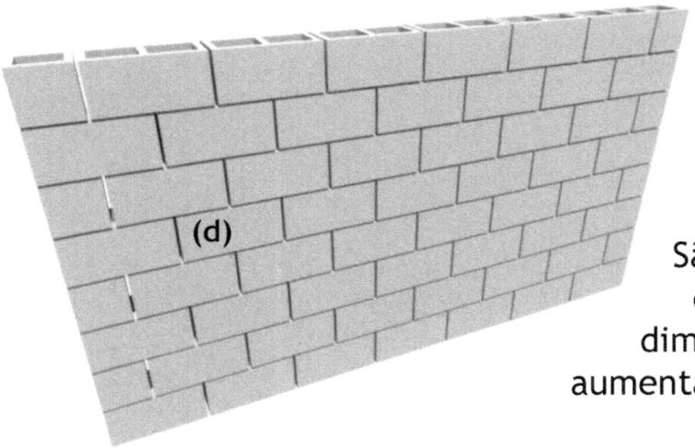

São paredes nas quais o bloco de alvenaria utilizado possui dimensões maiores que a usual, aumentando a espessura da parede.

Paredes com enrijecedores

São paredes cujo próprio arranjo da alvenaria cria colunas, ou pilares, que ajudam no enrijecimento do conjunto da parede à flexão.

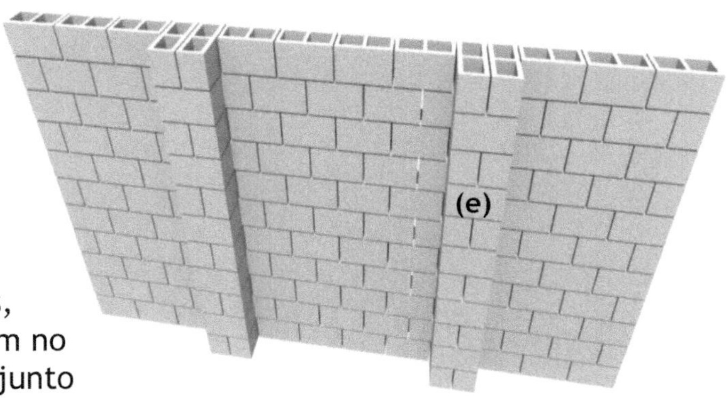

Figuras 3.24 – Formas possíveis de paredes estruturais.

O desempenho estrutural desses arranjos de paredes quanto à flexão pode ser visto no quadro abaixo.

▶ **PAREDES CONTÍNUAS**

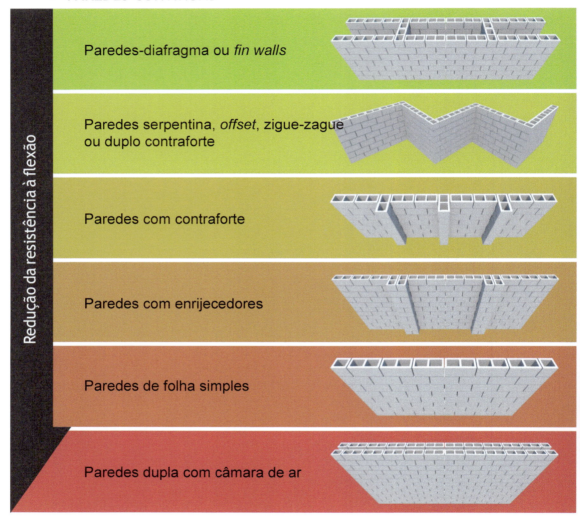

▶ **PAREDES ISOLADAS**

Figura 3.25 – Desempenho de arranjos estruturais.
Fonte: adaptada Drysdale et al. (1994, 1999).

A esbeltez da parede é definida pela relação entre a altura efetiva e a espessura efetiva dessa parede.

Altura efetiva da parede

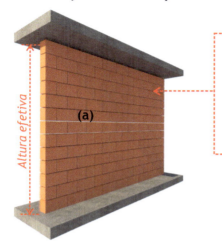

É a altura real da parede para paredes apoiadas na base e no topo. Se uma das extremidades dessa parede for livre (como em uma mureta, por exemplo), a altura passa a ser o dobro da altura real.

Para evitar a flambagem em paredes simples de alvenaria estrutural, a norma NBR 15961-1 (ABNT, 2011a) recomenda que a esbeltez da parede não armada seja de 24, e de 30 para paredes armadas.

Espessura efetiva da parede

É a espessura real no caso de paredes isentas de enrijecedores. Exclui-se desse valor a espessura dos revestimentos.

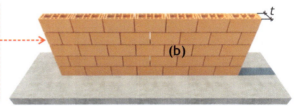

Já para paredes com enrijecedores, a espessura é igual à espessura nominal (t) multiplicada por δ (coeficiente de rigidez). O valor de δ é encontrado na Tabela 8 da NBR 15961-1.

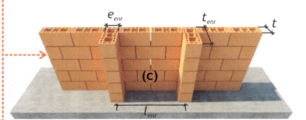

A norma ainda especifica que, para edificações com mais de 2 pavimentos, não é admitida parede estrutural cuja espessura efetiva seja inferior a 14 cm.

Figura 3.26 – Exemplos de alturas e espessuras efetivas de parede.

101

Encontrados os valores da altura efetiva (h) e da espessura efetiva (t) das paredes, pode-se calcular o índice de esbeltez (λ) delas conforme os exemplos abaixo:

$$\lambda = h_e/t_e$$

Para um prédio residencial com 5 pavimentos de alvenaria não armada ($\lambda_{máx}$ = 24) e parede simples com blocos de concreto de 14 cm, a altura da parede, ou pé-direito máximo, será:

$\lambda = h_e/t_e$
$24 = h_e/14$ cm
$h_e = 3,36$ m (pé-direito máximo)

Figura 3.27 – Exemplo 1: prédio residêncial.

Já para um prédio comercial com 8 pavimentos de alvenaria não armada ($\lambda_{máx}$ = 24) e parede simples com blocos de concreto de 20 cm, a altura da parede, ou pé-direito máximo, será:

$\lambda = h_e/t_e$
$24 = h_e/20$ cm
$h_e = 4,80$ m (pé-direito máximo)

Figura 3.28 – Exemplo 2: prédio comercial.

No caso de prédios com paredes que ultrapassam os valores máximos de esbeltez prescritos na norma, e que precisam de pé-direito alto, a solução é aplicar estratégias que aumentem a espessura efetiva da parede (enrijecedores, paredes duplas, paredes-diafragma etc).

3.9 Comprimento e altura das paredes

Conforme Gallegos (1988), para que uma parede estrutural possa ter um bom desempenho, é preciso que exista uma relação aceitável entre a altura total do prédio e o comprimento deste. Os limites dessa relação estudados e definidos pelo autor são apresentados no diagrama e nos exemplos abaixo.

Um prédio com altura de 30 m (h) e comprimento de 12 m (c) tem uma relação h/c de 2,5, ou seja:

IDEAL

Já para um prédio com altura de 60 m (h) e comprimento de 10 m (c), a relação h/c é 6,0, ou seja:

RUIM

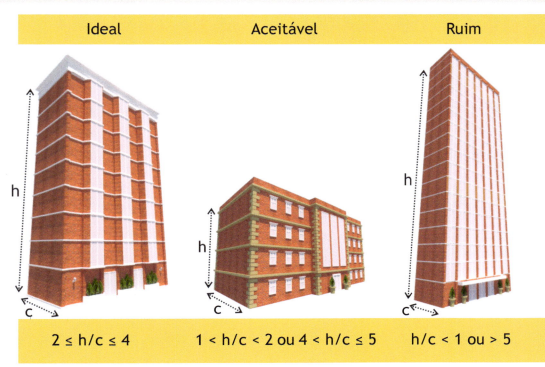

Figura 3.29 – Relações entre altura total e comprimento de paredes estruturais.
Fonte: adaptada de Gallegos (1988).

Ainda segundo Gallegos (1988), um edifício deve ter em cada direção, longitudinal e transversal, paredes estruturais ou de contraventamento com ocupação (em metros lineares) equivalente a 4,2% da área total construída do pavimento.

Essa recomendação procura assegurar certa uniformidade dos esforços laterais nas paredes, sem sobrecarregá-las. Além disso, esses comprimentos totais devem ser aproximadamente iguais em cada uma das direções analisadas.

Sendo assim, para um edifício de 8 andares com 300 m² de área construída por pavimento tipo, o correto seriam 100,8 metros lineares de paredes estruturais em cada direção.

Já para um edifício baixo com 4 andares e 90 m² de área construída, são necessários 15, 12 metros lineares de paredes estruturais em cada direção.

E para um prédio alto com 18 andares e 250 m² de área por pavimento, 189 metros lineares de parede em cada direção são suficientes.

Figura 3.30 – Exemplo de edificação em altura, 18 andares e 4,2% da área total construída do pavimento.

Um exemplo de projeto arquitetônico cuja simetria faz com que o centro de massa (CM) e o centro de torção (CT) do prédio não coincidam é apresentado abaixo. Além disso, seguindo a regra de Gallegos, a distribuição das paredes estruturais deve ser aproximadamente igual em ambos os lados da planta.

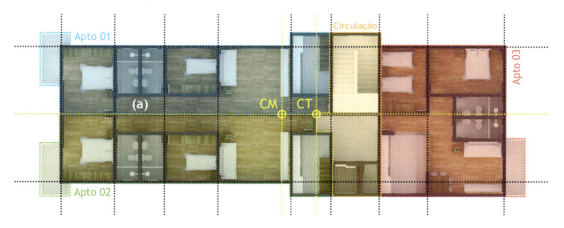

.... Eixos estruturais

Na imagem da planta abaixo, destaca-se a assimetria nas paredes da escada, do elevador e do corredor, os banheiros com paredes hidráulicas sem função estrutural e as sacadas em balanço (sacada A, engastada em viga submetida à torção, e sacada B, com prolongamento da cinta de amarração das paredes internas).

Figura 3.31 – Exemplos de edificação assimétrica.

3.10 Integração de projetos

Na hora da concepção de uma construção, principalmente para obras de alvenaria estrutural, é primordial a concentração de áreas afins e a integração entre projetos de forma a racionalizar a execução do empreendimento.

Em um sistema construtivo racionalizado, é inconcebível a hipótese de se rasgar paredes estruturais para a passagem das instalações. Essas práticas aplicadas às alvenarias de vedação devem ser eliminadas.

Figura 3.32 – Métodos não racionais.

Instalações elétricas

Toda e qualquer instalação somente pode ser embutida na alvenaria verticalmente, ou seja, nos furos existentes nos blocos.

Assim, a instalação elétrica deve ser distribuída pela laje, sendo os pontos de consumo alimentados por descidas (ou subidas) sempre na vertical.

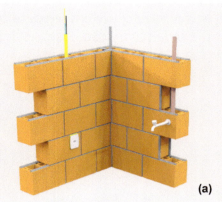
(a)

Para a instalação dos pontos elétricos (tomadas e interruptores), existem blocos especiais que já apresentam o recorte necessário. Contudo, em razão do custo do bloco especial ser maior, muitas vezes opta-se por utilizar um bloco convencional, realizando-se, posteriormente, o corte na obra.

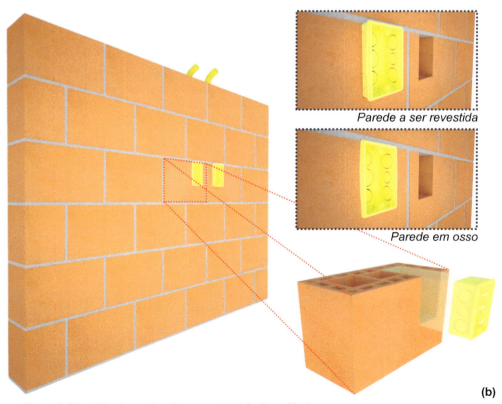
(b)

Figura 3.33 – Métodos racionais para as instalações elétricas.

Instalações hidráulicas

Nos projetos, devem ser detalhadas todas as descidas de instalações por meio da paginação das paredes, deixando os espaços necessários para a passagem das tubulações.

(a)

A maior dificuldade reside, geralmente, nas tubulações de água e esgoto, porém algumas medidas simples podem facilitar o percurso vertical das instalações, como a adoção de *shafts* e o agrupamento das instalações hidrossanitárias nas mesmas paredes.

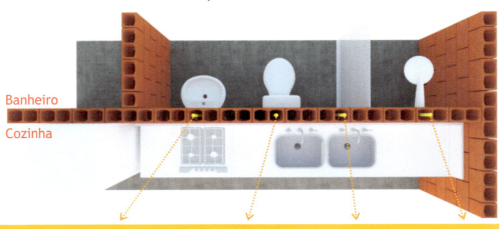

Pontos de água distribuídos em uma parede hidráulica compartilhada sem função estrutural

(b)

Figura 3.34 – Métodos racionais para as instalações hidraúlicas.

A criação de uma região única para áreas úmidas, como lavanderia, cozinha, banheiro e lavabo, não apenas diminui o número de *shafts* para tubulações, mas também permite o compartilhamento das paredes hidráulicas (paredes que não podem ter função estrutural).

Planta baixa com áreas úmidas concentradas (no mesmo apartamento)

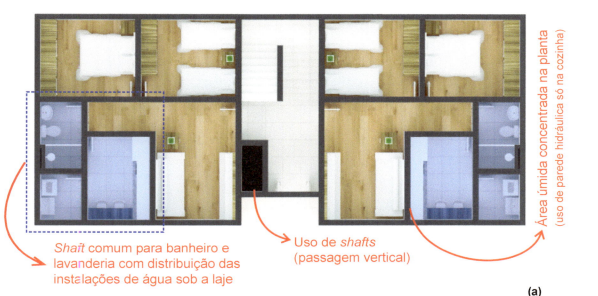

(a)

Planta baixa com áreas úmidas não concentradas (no mesmo apartamento)

(b)

Figura 3.35 – Plantas humanizadas representando áreas úmidas concentradas e segregadas.

A fim de possibilitar a distribuição horizontal das tubulações, algumas soluções racionais podem ser adotadas alternativamente aos rasgos.

Tubulação no piso

A tubulação embutida no piso é uma opção que evita o rasgo da alvenaria. A laje, devidamente calculada para tal, é responsável por acomodar toda a passagem da tubulação. Essas instalações são, por fim, ocultadas pelo forro de gesso do pavimento inferior.

Tubulação de distribuição de água
Tubulação de coleta de esgoto

(a)

Blocos estreitos (em paredes de vedação)

É possível usar blocos mais estreitos nas paredes de vedação, formando reentrâncias que permitem embutir tubulações.

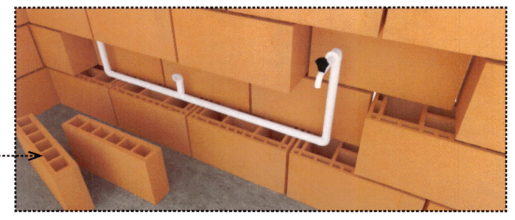

(b)

Shafts

A adoção de *shafts* (passagem vertical ou inclinada) também é uma boa alternativa para evitar o rasgo de paredes ou o embutimento de dutos e canos em paredes estruturais.

O *shaft* pode ser independente da alvenaria, sendo fechado com placas de gesso ou cimentícias e permitindo fácil inspeção.

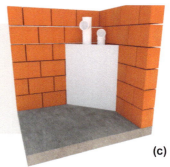
(c)

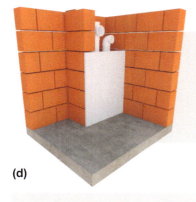
(d)

Ele também pode ter esperas em alvenaria e apenas o fechamento removível, permitindo a inspeção do espaço.

Há igualmente *shafts* não visitáveis, em que o fechamento feito com a própria alvenaria, tornando o acesso mais difícil.

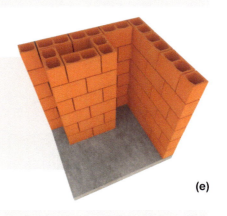
(e)

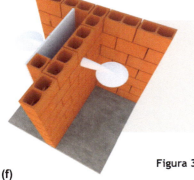
(f)

Dependendo do projeto, o *shaft* pode ser aproveitado pelos dois lados da parede, sendo visitável em um ou ambos os lados.

Figura 3.36 – Perspectivas ilustrando as possibilidades de trajetória horizontal das tubulações em seu uso racional.

Sacadas e balanços

Uma estrutura em balanço é aquela em que o elemento estrutural rígido se projeta para além de um apoio e é suportado por um elemento de contrapeso. A alvenaria estrutural, ao contrário do que muitos acreditam, aceita balanços nas fachadas. Mas, esses elementos devem ser estudados, pois podem introduzir cargas adicionais que devem ser verificadas pelos calculistas.

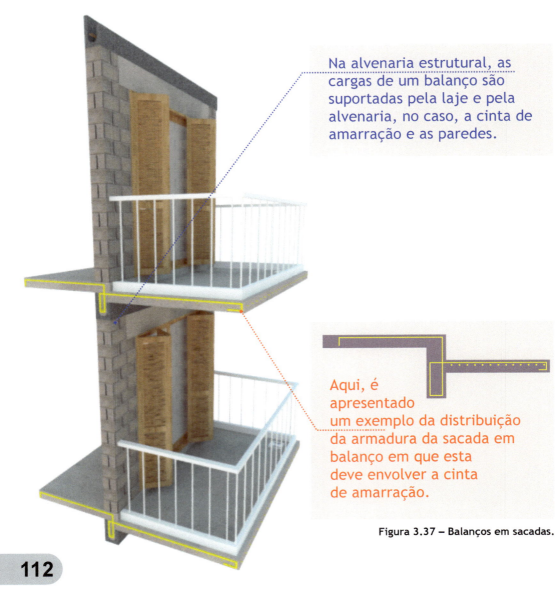

Na alvenaria estrutural, as cargas de um balanço são suportadas pela laje e pela alvenaria, no caso, a cinta de amarração e as paredes.

Aqui, é apresentado um exemplo da distribuição da armadura da sacada em balanço em que esta deve envolver a cinta de amarração.

Figura 3.37 – Balanços em sacadas.

Balanços pequenos, com menos de 80 cm, como marquises, não são problemáticos. Porém, balanços maiores tendem a fletir mais, causando torção nas vigas ou nas paredes em que a laje está apoiada.

Para aberturas de grande vão, é necessário armar a parede, aumentando sua rigidez e evitando maiores efeitos de torção.

Em termos de desempenho, existem alguns formatos mais indicados, mas balanços mais arrojados são permitidos desde que as vigas e os transpasses sejam dimensionados e calculados de acordo.

Figura 3.38 – Balanços em sacadas e acessos (aberturas).

Sacada interna à projeção do edifício

Esse tipo de sacada, confinada entre as paredes do prédio, não possui efeito de torção, pois a laje, apoiada sobre as paredes, transmite os esforços para elas.

Sacada parcialmente em balanço

Esse tipo de sacada é confinado entre paredes e parcialmente em balanço. Nesse caso, parte da carga está sobre as paredes e parte em balanço. Dependendo do tamanho do balanço, pode existir efeito de torção, sendo necessário o uso de armadura.

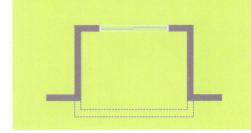

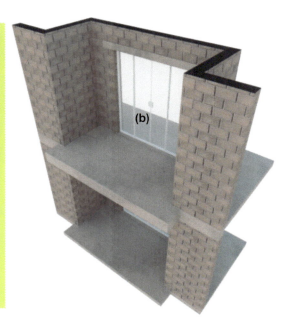

Sacada em balanço com prolongamento da cinta para ancoragem

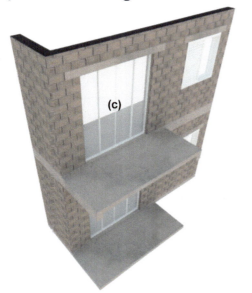

Nesse caso, a laje fica em balanço, precisando ser ancorada no prolongamento da cinta para evitar maiores efeitos de torção. Essa cinta precisa ser reforçada para suportar os esforços extras do balanço.

Sacada em balanço engastada em viga submetida à torção

Ao contrário do que muitos pensam, os edifícios em alvenaria estrutural podem apresentar elementos em balanço nas fachadas, como sacadas e marquises. Contudo, esses elementos devem ser verificados pelos profissionais calculistas.

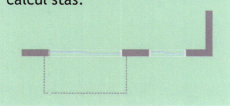

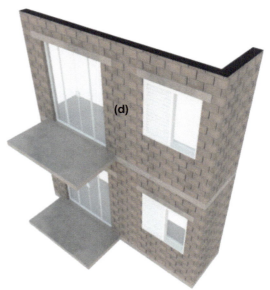

Figura 3.39 – Tipos de sacadas para a alvenaria estrutural.

3.11 Escadas e circulações

Os projetistas devem considerar, preferencialmente, soluções técnicas padronizadas com eficiência comprovada. Os tipos mais usuais de escadas que podem ser usados em alvenaria estrutural são:

Escada de concreto armado moldada in loco

São escadas moldadas na obra. Neste caso, existe a necessidade do emprego do bloco canaleta ou "J" na parede a meio pé-direito para o apoio do patamar de descanso.

Execução fácil sem auxílio de equipamentos especiais.

Necessidade de utilização de formas de escoramento.

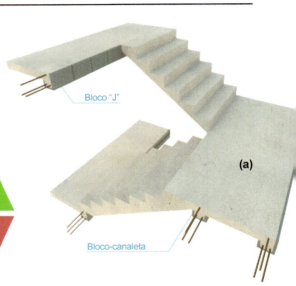
(a) Bloco "J" / Bloco-canaleta

Escada do tipo jacaré

Esse tipo de escada é formado por vigas dentadas do tipo "jacaré". Degraus, espelhos e patamares são pré-moldados.

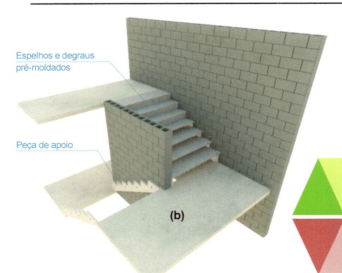
(b) Espelhos e degraus pré-moldados / Peça de apoio

Fácil montagem da escada.

Viável apenas se houver parede central de apoio entre os lances.

Escada pré-moldada de concreto

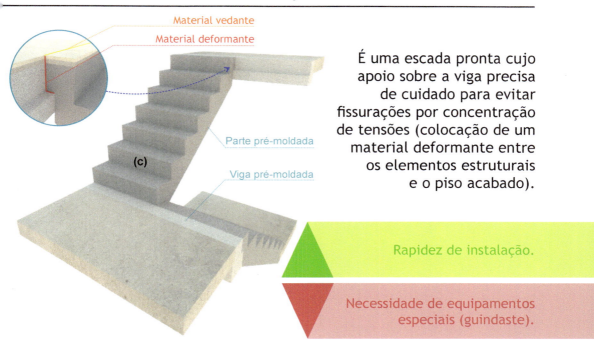

É uma escada pronta cujo apoio sobre a viga precisa de cuidado para evitar fissurações por concentração de tensões (colocação de um material deformante entre os elementos estruturais e o piso acabado).

Rapidez de instalação.

Necessidade de equipamentos especiais (guindaste).

Escada pré-fabricada com estrutura metálica

O apoio dos perfis metálicos, responsáveis pelo apoio dos degraus, deve coincidir com as cintas de amarração da alvenaria.

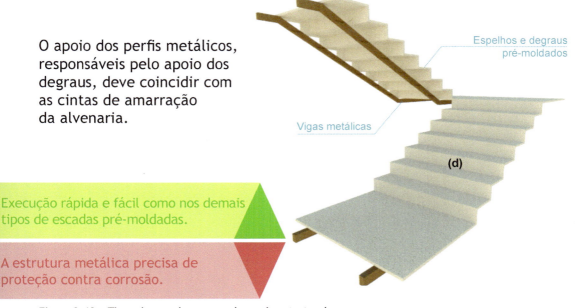

Execução rápida e fácil como nos demais tipos de escadas pré-moldadas.

A estrutura metálica precisa de proteção contra corrosão.

Figura 3.40 – Tipos de escadas para a alvenaria estrutural.

3.12 Juntas horizontais e verticais

As juntas horizontais são parte da estrutura tanto quanto a unidade de alvenaria. Assim, suas dimensões e suas características devem ser implementadas conforme as normas NBR 15812-2:2010 e NBR 15961-2:2011 para proporcionar o melhor desempenho do conjunto.

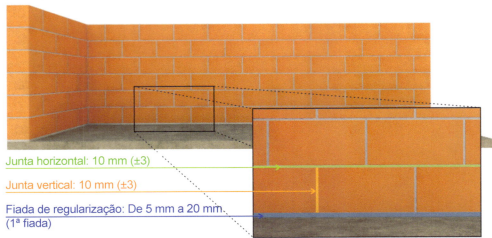

Conforme Roman et al. (1999), pode-se melhorar a resistência da alvenaria diminuindo a espessura das juntas, mas valores menores que 1 cm não são recomendáveis, pois a estrutura se tornaria muito rígida, favorecendo o aparecimento de fissuras por concentração de tensões. Além disso, as juntas não conseguiriam absorver as imperfeições das unidades.

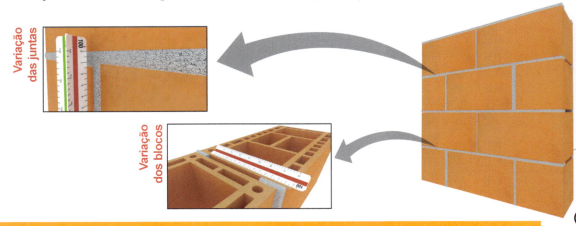

▶ Juntas horizontais devem ser completamente preenchidas. Juntas incompletas podem reduzir a resistência da alvenaria.

▶ O não preenchimento das juntas verticais tem pouco efeito na resistência à compressão, mas afeta a resistência à flexão e ao cisalhamento da parede.

Figura 3.41 – (a) Juntas vertical e horizontal e (b) espessura de juntas.

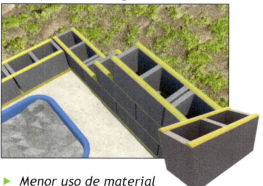
Argamassamento só nas paredes longitudinais

▶ Menor uso de material
▶ Maior rapidez de execução
▶ Maior permeabilidade à água
▶ Menor aderência
▶ Menor resistência à compressão
▶ Falta de monoliticidade

Argamassamento total

▶ Solidarização do conjunto
▶ Menor permeabilidade
▶ Maior aderência
▶ Maior resistência à compressão
▶ Maior gasto com material
▶ Execução lenta e desperdício

Figura 3.42 – Junta seca e junta total.

A escolha do perfil da junta também requer atenção, já que esta influencia na penetração de água em uma alvenaria sem revestimento. De acordo com o manual técnico do Instituto de Alvenaria da Universidade da Colúmbia Britânica (Masonry Institute of British Columbia – s.d.), a relação entre desempenho frente à água e formato das juntas é o seguinte:

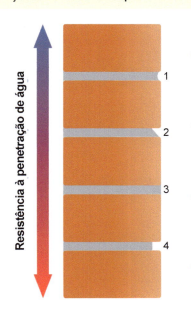

1. **Côncava** *(concave)*: tem superfície densa e compacta, evitando eficientemente a água inclusive com vento.

2. **Inclinada e V** *(weathered and v-shape)*: menos efetivas que a côncava, porém com boa compacidade e evitam a água de forma satisfatória.

3. **Junto à face** *(flush)*: não são compactadas e são suscetíveis à falta de adesão entre bloco e argamassa, sendo recomendadas só em paredes que vão receber revestimento.

4. **Recolhida** *(raked)*: Não é indicada por ter uma borda livre de tijolo na qual a água pode ficar retida e ser absorvida. Não deve ser usada em paredes expostas à água.

119

Juntas de dilatação

A junta de dilatação é um espaço deixado entre duas paredes estruturais a fim de permitir que aconteçam todas as movimentações necessárias aos materiais sem concentrar tensões entre os elementos estruturais.

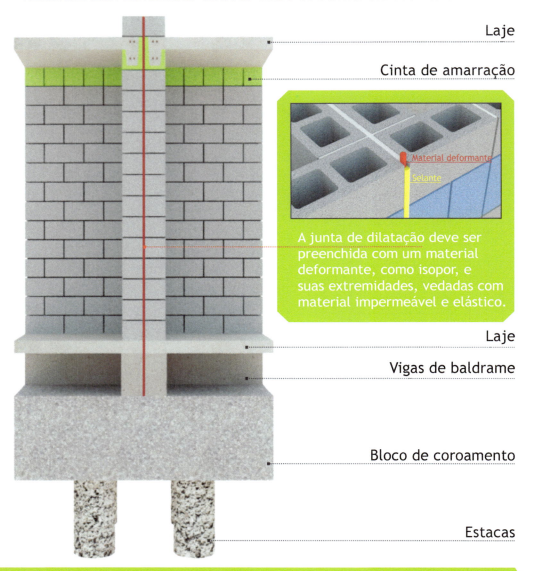

A junta de dilatação deve ser preenchida com um material deformante, como isopor, e suas extremidades, vedadas com material impermeável e elástico.

Esse tipo de junta deve ser posicionado sempre que houver mudanças de rigidez que levem a edificação a se separar, resultando em fissuração.

Figura 3.43 – Junta de dilatação térmica.

A NBR 15812-1 (2010) e a NBR 15961-1 (2011) definem que deve ser prevista junta de dilatação a cada 24 m da edificação em planta, podendo esse limite ser alterado conforme avaliação precisa dos efeitos de variação de temperatura e expansão estrutural.

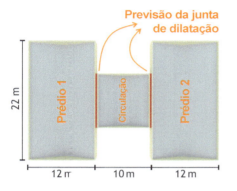

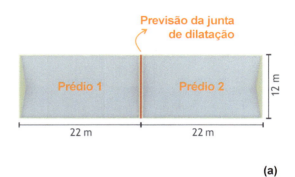

(a)

Mas, em algumas situações, como no exemplo abaixo, a edificação com formato de "L" possui dimensões inferiores a 24 m. Mesmo assim, se recomenda a colocação de uma junta de forma a separar a edificação, algo que aconteceria naturalmente.

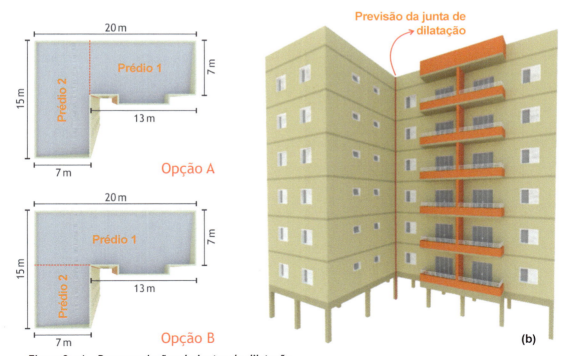

(b)

Figura 3.24 – Recomendações de juntas de dilatação.

Juntas de controle

Ao longo de sua vida útil, a edificação pode estar sujeita a variações nas dimensões em virtude de suas características físicas, químicas e mecânicas.

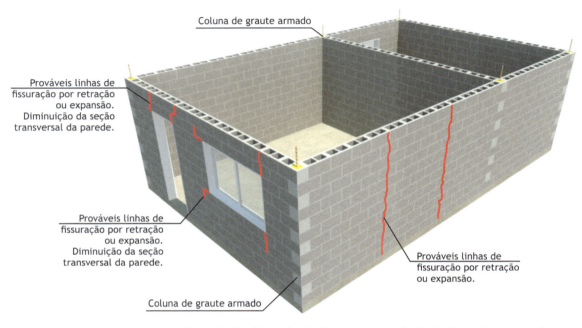

Figura 3.45 – Exemplos de fissuração em painéis de alvenaria estrutural.

As juntas de controle são espaços verticais definidos em projeto com o objetivo de permitir movimentos relativos de partes da estrutura sem prejudicar a sua integridade funcional e estrutural.

Figura 3.46 – Junta de controle em edificações.

Os seguintes locais são os mais indicados para a colocação das juntas:

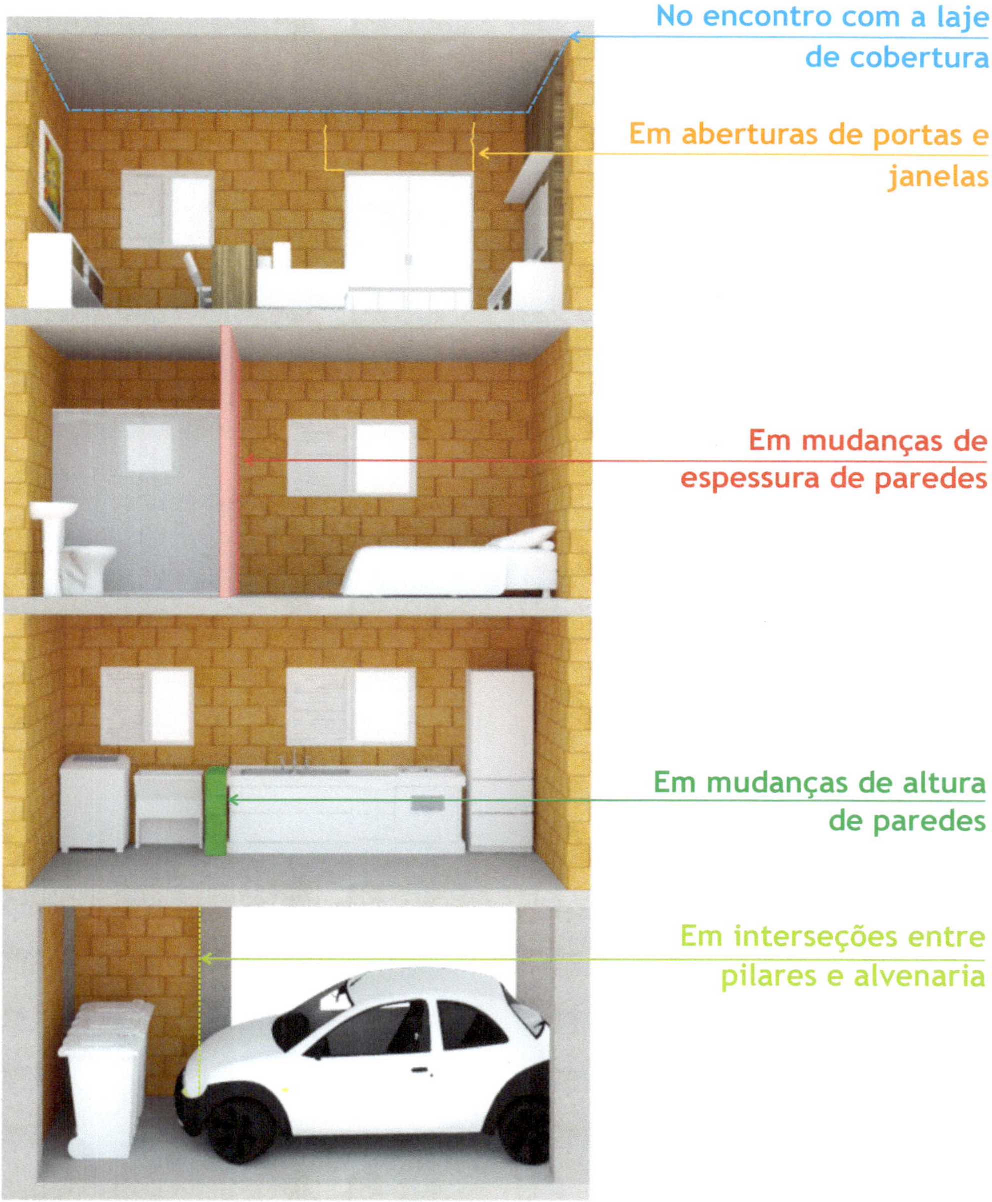

No encontro com a laje de cobertura

Em aberturas de portas e janelas

Em mudanças de espessura de paredes

Em mudanças de altura de paredes

Em interseções entre pilares e alvenaria

Essas juntas também devem ser preenchidas com um material compressível resiliente (isopor, plástico, borracha) e ser vedadas por um material impermeabilizante que impeça a entrada de água.

Figura 3.47 – Locais indicados para a colocação de juntas.
Fonte: NCMA (2010).

Com o uso dessas juntas nos projetos, cuidados especiais devem ser tomados para garantir o desempenho estrutural da construção:

A junta não pode afetar a estabilidade e a transmissão de carga das paredes.

A junta não pode reduzir a resistência ao fogo do elemento estrutural ou ser local de propagação.

Nas paredes externas, a junta deve ser selada de forma a prevenir a entrada de umidade.

(a)

Como a colocação de uma junta exige muitos cuidados especiais, sempre que possível, ela deve ser evitada. Para isso, existem outras alternativas que podem ser especificadas, como mostrado a seguir:

Controle do tamanho do painel de alvenaria

Reforço com armadura de áreas onde possam surgir trincas

Provável linha de fissuração

Coluna de graute armado

Graute armado

A NCMA (2010) também sugere que o tamanho máximo de um painel em alvenaria com blocos de concreto seja de 7,62 m.

Treliça plana

(b)

Para reforçar as áreas mais frágeis, podem ser usadas colunas de graute, treliças planas ou barras de transferência.

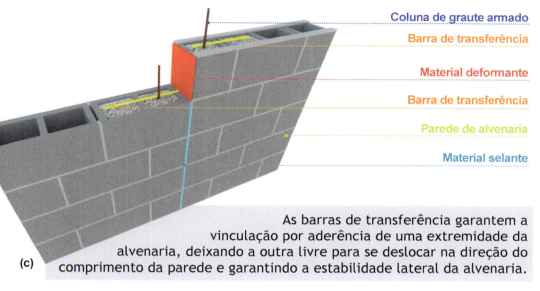

(c) As barras de transferência garantem a vinculação por aderência de uma extremidade da alvenaria, deixando a outra livre para se deslocar na direção do comprimento da parede e garantindo a estabilidade lateral da alvenaria.

Principalmente em escadas, é necessário ter o cuidado com o completo isolamento térmico do espaço da junta. Para isso, podem ser empregados materiais como feltro cerâmico e fibra ou outros materiais isolantes e não combustíveis.

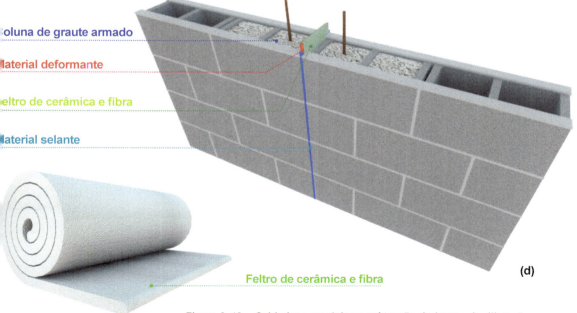

(d)

Figura 3.48 – Cuidados especiais na colocação de juntas de dilatação.

Recomendações normativas

Para painéis de alvenaria contidos em um único plano e na ausência de uma avaliação precisa das condições específicas deste, devem ser dispostas juntas verticais de controle com espaçamento máximo que não ultrapasse os limites listados abaixo.

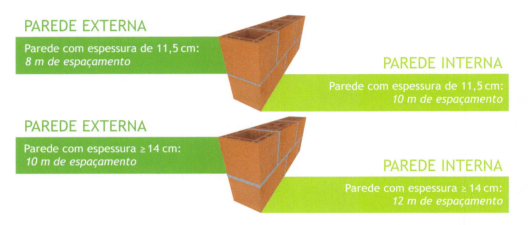

PAREDE EXTERNA
Parede com espessura de 11,5 cm:
8 m de espaçamento

PAREDE INTERNA
Parede com espessura de 11,5 cm:
10 m de espaçamento

PAREDE EXTERNA
Parede com espessura ≥ 14 cm:
10 m de espaçamento

PAREDE INTERNA
Parede com espessura ≥ 14 cm:
12 m de espaçamento

Esses limites de espaçamento podem ser alterados caso as juntas de assentamento recebam armaduras horizontais.

Os limites acima serão reduzidos em 15% caso a parede tenha aberturas

A espessura mínima da junta é determinada como 0,13% do espaçamento das juntas

Figura 3.49 – Recomendações normativas da NBR 15812-1 para blocos cerâmicos.

Já para alvenarias com blocos de concreto, os valores máximos de espaçamento são definidos pela norma brasileira NBR 15961-1.

* Os limites acima descritos deverão ser reduzidos em 15% caso a parede tenha aberturas.

No caso de paredes executadas com blocos não curados a vapor, os limites devem ser reduzidos em 20% (se não houver aberturas).

Se houver abertura na parede executada com blocos não curados a vapor, os limites devem ser reduzidos em 30%.

Blocos não curados a vapor possuem uma retração superior aos curados dessa forma (em torno de 0,1 mm/m a mais de acordo com a NBR 15961-1).

Figura 3.50 – Recomendações normativas da NBR 15961-1 para blocos de concreto.

Ambas as normas citadas não especificam que esse valor máximo de espaçamento pode ser alterado conforme a tensão de compressão atuante na parede. Elas definem os limites apenas em relação a localização do elemento estrutural e existência ou não de aberturas e armaduras horizontais.

Outras recomendações são apresentadas pela norma BS5628-3, da British Standard Institution (1985), e divididas de acordo com o tipo de bloco utilizado.

Para blocos cerâmicos

As juntas de controle e movimentação, normalmente, não são exigidas nas paredes internas da edificação.

Para alvenarias não restringidas e sem a presença de grauteamento e armadura, a expansão da parede durante a sua vida útil será de 1 mm/m em virtude da variação da temperatura e da umidade.

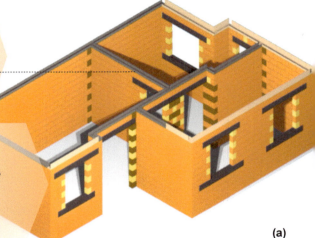

(a)

A espessura da junta deve ser 30% maior que a distância de eixo a eixo de parede. Assim, uma parede de 12 m de comprimento precisaria de uma junta com 16 mm.

Para paredes de múltiplos pavimentos, os efeitos das movimentações diminuem nos andares inferiores por causa do aumento nas cargas de compressão, podendo esse valor ser menor que 1 mm/m. Também é citado que o tamanho do painel parede não deve exceder 15 m para evitar o surgimento de fissuras por variação térmica.

Figura 3.51 – Exemplos de edificação em bloco cerâmico.

Para blocos de concreto

Como regra geral, é conveniente prever intervalos para a junta vertical, para acomodar os movimentos horizontais em paredes, de no máximo 7 m.

Como existe variação de resistência do concreto, também pode existir variação no espaçamento das juntas de acordo com a utilização proposta.

Para relações maiores que 2, é preciso armar a alvenaria para evitar fissuração, principalmente em paredes externas que possuem aberturas.

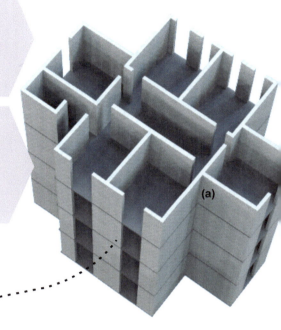

(a)

Se houver aberturas no painel, é preciso colocar reforços em volta delas para restringir os movimentos da parede pela redução na área da seção transversal da alvenaria.

(b)

Além do reforço com colunas de graute ou armaduras horizontais, os painéis com aberturas precisam de juntas de controle em intervalos mais frequentes.

Figura 3.52 – Exemplo de edificação em bloco de concreto.

Os pontos mais vulneráveis ao aparecimento de fissuras na alvenaria são as aberturas (portas e janelas).

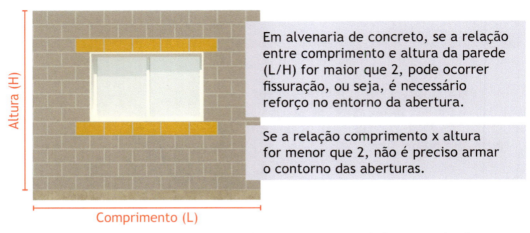

Em alvenaria de concreto, se a relação entre comprimento e altura da parede (L/H) for maior que 2, pode ocorrer fissuração, ou seja, é necessário reforço no entorno da abertura.

Se a relação comprimento x altura for menor que 2, não é preciso armar o contorno das aberturas.

Figura 3.53 – Pontos mais vulneráveis ao aparecimento de fissuras: em janelas e portas.

Também podemos definir critérios de colocação da junta de acordo com o tamanho da abertura e a existência ou não de armadura.

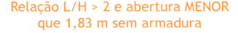

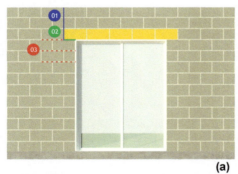

(a)

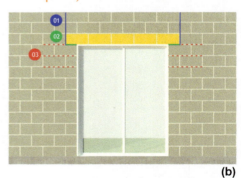

(b)

01 Deve haver junta de controle em um dos lados do vão na finalização da verga.

02 Abaixo da verga, deve ser colocado um material deslizante.

03 Usar armadura ou barras de transferência para garantir estabilidade lateral (61 cm).

Deve haver junta de controle em ambos os lados do vão na finalização da verga. **01**

Abaixo da verga, há o plano de deslizamento com material deslizante. **02**

Usar armadura ou barras de transferência para garantir estabilidade nos dois lados. **03**

Figura 3.54 – Possibilidades de reforços.

Não se decidindo pelo emprego da junta de controle no entorno da abertura, deverá ser feito um reforço nas laterais do vão, com grauteamento vertical e armação.

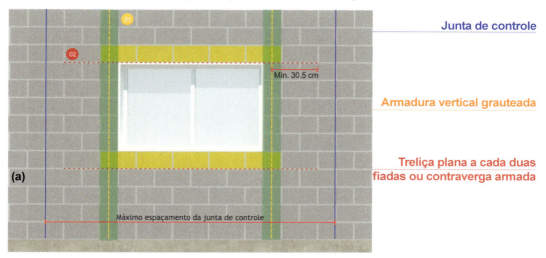

01 Realizar reforço no entorno do vão com grauteamento vertical e armação.

02 Posicionar uma treliça plana entre a primeira e a segunda fiadas abaixo da contraverga ou armá-la para absorver eventuais movimentações.

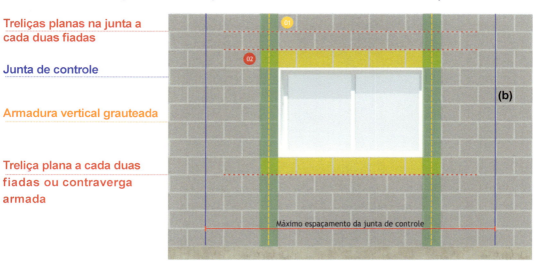

Realizar reforço no entorno do vão com grauteamento vertical e armação. **01**

Em vez de armar a verga, pode-se colocar duas treliças planas acima dela, na altura da junta horizontal. **02**

Figura 3.55 – Reforços em aberturas.

Os exemplos a seguir podem ilustrar melhor essas determinações:

> **A** Um armazém possui uma parede com blocos de concreto com vão único de fechamento. Essa parede tem 35 m de comprimento e 6 m de altura (L/H > 2).

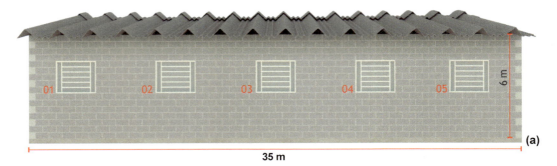
(a)

Como existe uma sequência de aberturas, tomou-se a relação entre comprimento e altura (L/H) de 2 para definição da colocação das juntas. Com isso, a parede não pode exceder 12 m. Também, a TEK 10-2C recomenda que o espaçamento entre juntas não ultrapasse o valor de 7,62 m. Assim, o espaçamento entre as juntas de controle deverá ser de 7 m, visto que a extensão do galpão é de 35 m.

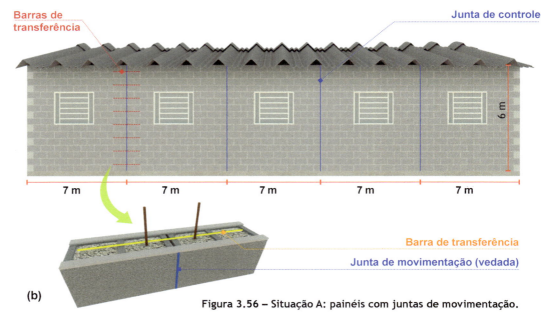
(b)

Figura 3.56 – Situação A: painéis com juntas de movimentação.

Então, para uma parede de 35 m de comprimento, o espaçamento da junta de controle será a cada 7 m, totalizando 4 juntas de controle.

Neste outro caso, a parede possui comprimento de 7,9 m, pé-direito de 2,69 m e três amarrações, uma em "L" e duas em "T" com as distâncias de eixo a eixo mostradas na figura abaixo:

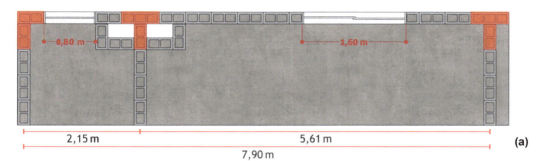

(a)

Se optarmos por grautear e armar os encontros, manter uma relação L/H de 2 e um comprimento máximo da junta de 5,38 m (conforme a NBR 15961-1), será preciso reforçar o vão de 5,61 m no entorno da abertura, pois ele é maior que a recomendação da norma. Já o vão de 2,15 m pode permanecer sem reforço.

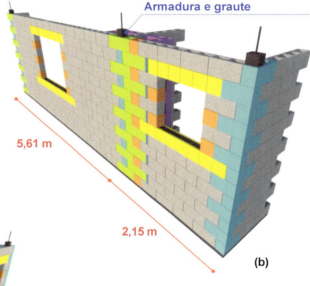

(b)

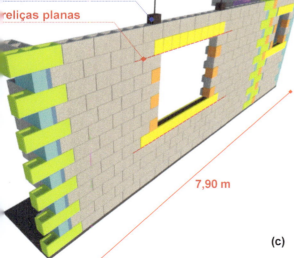

(c)

Mas, se os encontros não forem grauteados e armados, o comprimento total da parede será de 7,9 m. Com isso, é preciso reforçar o entorno das aberturas de ambos os vãos para evitar fissuração. Esse reforço pode ser feito com grauteamento ou uso de treliças planas entre as juntas.

Figura 3.57 – Situação B: (a) planta baixa; (b) parede com grauteamento e armação dos encontros; (c) parede sem grauteamento e armação dos encontros.

3.13 Componentes construtivos fundamentais na alvenaria

Os aspectos técnicos relacionados à presença de verga e contraverga são fundamentais para o desempenho construtivo e estrutural, sendo essencial que estejam presentes nos projetos de alvenaria.

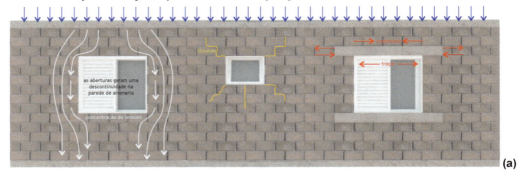
(a)

As vergas e contravergas atuam de forma a absorver os esforços de tração nos cantos das aberturas, local de concentração das tensões, evitando o aparecimento de fissuras.

Esses componentes podem ser constituídos das seguintes maneiras:

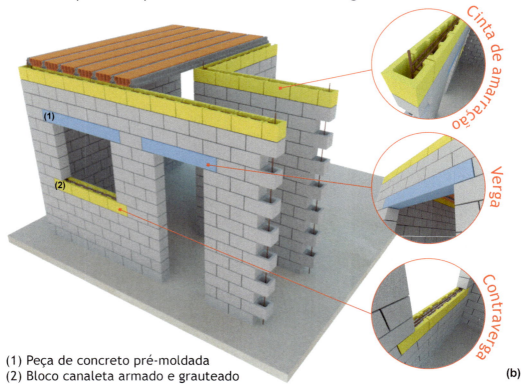

(1) Peça de concreto pré-moldada
(2) Bloco canaleta armado e grauteado

(b)

Figura 3.58 – Vergas e contravergas: (a) esforços na parede estrutural; (b) cinta de amarração.

Vergas

As vergas são componentes fundamentais no entorno da abertura da esquadria, para absorver esforços de flexão.

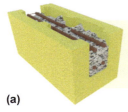

São executadas com concreto convencional, mas com brita 0 ou 1 e com armadura de solidarização.

(a)

Para fins de dimensionamento, pode-se adotar seu comprimento total como a largura do vão mais 4 módulos dimensionais, considerando-se o transpasse necessário nos cantos das aberturas e o apoio nas paredes

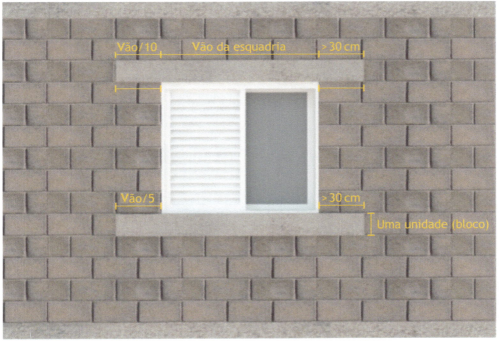

[92]

A antiga norma NBR 10837 definia o transpasse da verga como sendo 1/10 do tamanho do vão da abertura, mas nunca menor que 30 cm. É importante lembrar também que vergas em vãos maiores que 1,2 m devem ser dimensionadas como uma viga armada.

Figura 3.59 – Vergas: (a) composição de elementos; (b) dimensionamento.

Contravergas

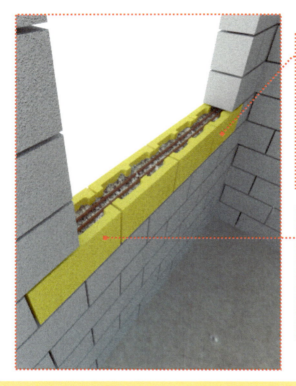

As contravergas são componentes empregados sob as aberturas de uma esquadria e possuem procedimento construtivo igual ao das vergas, tanto no material quanto nas especificações.

O dimensionamento também é semelhante ao da verga, não devendo ser menor que 30 cm, mas, em casos de grandes vãos, deve atender à proporção de 1/5 do vão pelo menos.

Figura 3.60 – Exemplo de contravergas.

Quando acontecer o caso de vergas e/ou contravergas de duas esquadrias ficarem muito próximas, sugere-se que se faça a união dos elementos, formando uma única verga.

Figura 3.61 – União de elementos próximos.

Cintas de amarração

Conforme a norma NBR 15961-2. Em cada pavimento, na última fiada, deve ser executada uma cinta contínua que solidariza todas as paredes. O grauteamento dessa cinta é executado junto com a laje.

Para cintas que usam o bloco canaleta do tipo "U", a execução acontece da seguinte forma:

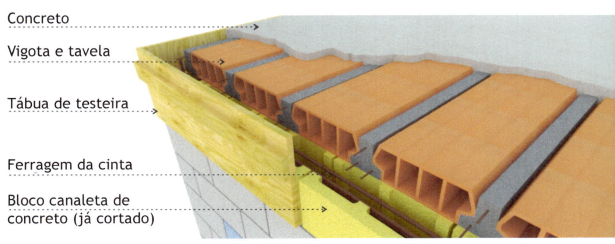

Figura 3.62 – Exemplo de composição da cinta de amarração.

Já em cintas que usam o bloco canaleta do tipo "J", a laje será apoiada posteriormente sobre o bloco (sem uso de tábua de testeira).

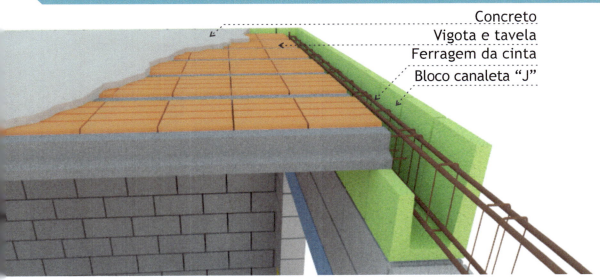

Figura 3.63 – Detalhe construtivo da execução da cinta de amarração.

3.14 Referências

Livros e dissertações

ABCIC — ASSOCIAÇÃO BRASILEIRA DE CONSTRUÇÃO INDUSTRIALIZADA. **Manual Técnico de Alvenaria.** São Paulo, 1990.

ABNT — ASSOCIAÇÃO BRASILEIRA DE NORMAS TÉCNICAS. **NBR 15812-1**: alvenaria estrutural: blocos cerâmicos: parte 1: projetos. Rio de Janeiro, 2010a.

_____. **NBR 15812-2**: alvenaria estrutural: blocos cerâmicos: parte 2: execução e controle de obras. Rio de Janeiro, 2010b.

_____. **NBR 15961-1**: alvenaria estrutural: blocos de concreto: parte 1: projeto. Rio de Janeiro, 2011a.

_____. **NBR 15961-2**: alvenaria estrutural: blocos de concreto: parte 2: execução e controle de obras. Rio de Janeiro, 2011b.

BSI — BRITISH STANDARD INSTITUTION. **BS 5628-3: code of practice for use of masonry**: part 3: materials and components, design and workmanship. London, 1985.

CAVALHEIRO, O. P. **Fundamentos de alvenaria estrutural.** Santa Maria: UFSM, 1995.

CHING, F. D. K. **A visual dictionary of architecture.** New York: John Wiley & Sons, 1995.

DRYSDALE, R. G. **Masonry structures**: behavior and design. Englewood Cliffs: Prentice Hall, 1994.

_____. **Masonry structures**: behavior and design. Englewood Cliffs: Prentice Hall, 1999.

DUARTE, R. B. **Recomendações para o projeto e execução de edifícios de alvenaria estrutural.** Porto Alegre: ANICER, 1999.

GALLEGOS, H. **Curso de alvenaria estrutural.** Porto Alegre: CPGEC/UFRGS, 1988.

HENDRY, A. W. **Structural brickwork**. New York: Halsted Press Book: John Wiley & Sons, 1981.

HENDRY, A. W.; SINHA, B. P.; DAVIES, S. R. **Design of masonry structures**. London: E & FN Spon, 1997.

MASCARÓ, J. **O custo das decisões arquitetônicas**: como explorar boas ideias com orçamento limitado. Porto Alegre: Sagra Luzzatto, 1998.

MATEUS, R. **Novas tecnologias construtivas com vista à sustentabilidade da construção**. 2004. 79 f. Dissertação (Mestrado em Engenharia Civil) — Universidade do Minho, Guimarães, 2004.

MIBC — MASONRY INSTITUTE OF BRITISH COLUMBIA. **Masonry technical manual**. Vancouver, [20--].

NCMA — NATIONAL CONCRETE MASONRY ASSOCIATION.**TEK 10-2C**: control joints for concrete masonry walls: empirical methods. Ashbum, 2010.

ROMAN, H. R.; MUTTI, C. N.; ARAÚJO, H. N. **Construindo em alvenaria estrutural**. Florianópolis: UFSC, 1999.

SARAPKA, E. M. et al. **Desenho arquitetônico básico**. São Paulo: Pini, 2009.

4 Execução de obras em alvenaria estrutural

Este capítulo tem por objetivo apresentar a boa técnica de execução do sistema construtivo em alvenaria estrutural. Além disso, são também apresentados a importância da capacitação das equipes de produção, os equipamentos necessários e o sequenciamento da execução, bem como alguns exemplos de uso incorreto do sistema.

4.1 Entendendo o processo para a execução da alvenaria estrutural

A não existência de viga e pilar na alvenaria estrutural influencia diretamente no tempo de produção, diminuindo etapas e, por consequência, os custos destas. Para tanto, é imprescindível seguir as premissas abaixo para entender a execução do sistema construtivo:

- entender os critérios de funcionamento estrutural;
- conhecer as principais propriedades dos materiais, componentes e elementos;
- desenvolver projetos arquitetônico e complementares compatíveis;
- capacitar e treinar as equipes para o uso de equipamentos e a execução das alvenarias;
- manter um contínuo processo de avaliação e aprimoramento de todas as etapas da obra.

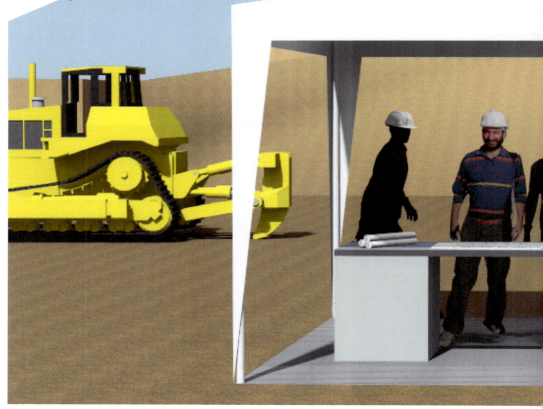

Desafios da gestão:

- melhoria do produto oferecido;
- planejamento de todas as etapas;
- qualificação da mão de obra;
- controle de materiais e fluxos;
- controle de custos;
- minimização de desperdícios;
- eliminação de retrabalho.

Figura 4.1 – Entendendo o processo para a execução da alvenaria estrutural.

4.2 Capacitação de equipes

A capacitação das equipes de produção é um dos aspectos fundamentais na alvenaria estrutural. O treinamento da mão de obra visa melhorar a produtividade e a qualidade da execução, sendo isso fundamental para a redução do desperdício provocado pelo retrabalho, consequência da falta de conhecimento dos projetos a serem executados.

Figura 4.2 – Processo de mobilização e capacitação de mão de obra.

A capacitação das equipes de produção tem como objetivos, em relação aos profissionais:

- permitir a troca de experiências pessoais em canteiro de obra;
- conscientizar para mudanças de hábitos com relação ao uso de ferramentas para execução e controle de alvenaria;
- demonstrar como tais mudanças influenciam as etapas da construção;
- estimular o entendimento de todos os projetos estruturais e complementares, a fim de conscientizar sobre a importância destes para o sistema.

4.3 Ferramentas e equipamentos

A seguir, são apresentadas duas listas de ferramentas e equipamentos de acordo com o recomendado por Faria e Parsekian (2015), com as respectivas imagens. Na primeira lista, apresentam-se as chamadas ferramentas convencionais tradicionalmente empregadas (Tabela 4.1), e a segunda lista inclui aquelas específicas para a execução da alvenaria estrutural (Tabela 4.2). As quantidades sugeridas nas Tabelas 4.1 e 4.2 são para uma equipe composta por 5 oficiais e 3 ajudantes.

Tabela 4.1 – Lista de ferramentas convencionais.

01	Colher de pedreiro	1 para cada oficial
02	Prumo de face	1 para cada oficial
03	Linha de náilon	1 para cada oficial
04	Fio traçante	1 para cada equipe
05	Trena de aço 5 m	1 para cada oficial
06	Trena de aço 30 m	1 para cada equipe
07	Brocha	4 para cada equipe
08	Marreta de 0,5 kg	2 para cada equipe
09	Talhadeira	2 para cada equipe
10	Vassoura com cabo	4 para cada equipe
11	Pá de bico com cabo	4 para cada equipe
12	Balde plástico ou metálico	4 para cada equipe
13	Esquadro metálico 60 cm × 80 cm × 100 cm	2 para cada equipe
14	Protetor do andar	4 para cada equipe

Tabela 4.2 – Lista de ferramentas e equipamentos para execução na alvenaria estrutural.

01	Nível alemão	1 para cada equipe
02	Régua prumo-nível	1 para cada oficial
03	Esticador de linha	4 para cada oficial
04	Palheta – argamassa junta horizontal	1 para cada oficial
05	Bisnaga – argamassa junta vertical	1 para cada oficial
06	Escantilhão de canto*	6 por apartamento
07	Andaimes com guarda-corpo	Conforme necessidade
08	Caixote para argamassa	1 para cada oficial
09	Suporte para caixote regulável	1 para cada caixote
10	Argamassadeira	1 para cada equipe

* A quantidade dos escantilhões depende do *layout* da edificação e da sequência de produção da alvenaria. O estudo prévio do projeto envolvendo o líder ou os participantes das equipes de produção é a melhor maneira para sua determinação.

4.4 Segurança

Antes do início de qualquer serviço, verificar a existência e as condições dos equipamentos de segurança individual e coletiva. A Norma Regulamentadora (NR) nº 18 estabelece diretrizes de ordem administrativa, de planejamento e de organização, que objetivam a implementação de medidas de controle e sistemas preventivos de segurança nos processos, nas condições e no meio ambiente de trabalho. Entre elas, a utilização dos equipamentos de proteção individual e coletiva (EPI e EPC).

Equipamentos de proteção individual e coletiva

1. EPI e EPC são dispositivos para proteger a saúde e a integridade física do trabalhador.

2. A construtora tem obrigação de fornecer os equipamentos de forma gratuita.

3. Os equipamentos devem ser adequados ao risco e mantidos em perfeito estado de conservação e funcionamento.

4. É obrigatória a instalação de proteção coletiva onde houver risco de queda de trabalhadores ou de projeção e materiais.

Figura 4.3 – Recomendações de EPI e EPC segundo a NR 18.

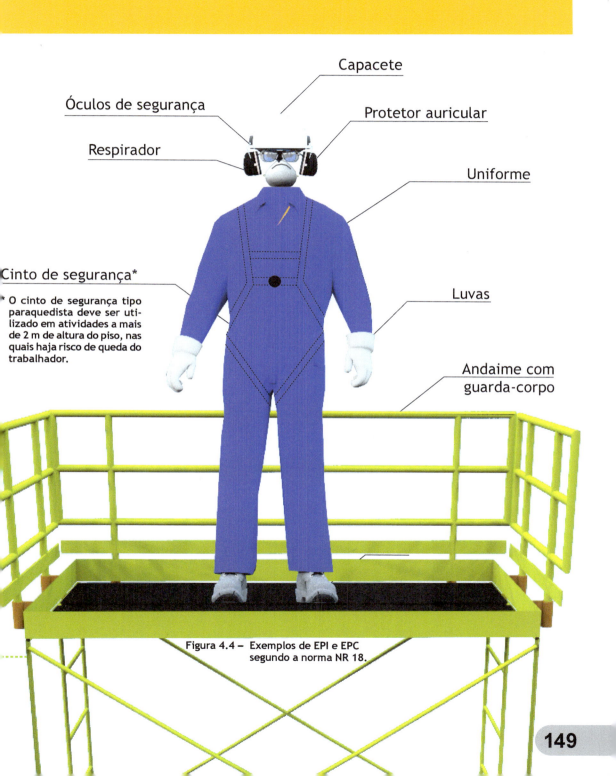

Figura 4.4 – Exemplos de EPI e EPC segundo a norma NR 18.

4.5 Execução das alvenarias

A seguir, são apresentados os serviços preliminares de acordo com o recomendado por Faria e Parsekian (2015):

1 Preparar o pavimento para o início do serviço.

2 Limpar e organizar o local de trabalho.

3 Verificar a disponibilidade de ferramentas e equipamentos para o início da marcação.

4 Conhecer de todos os projetos e sua forma de execução.

5 Verificar o esquadro da obra para posterior marcação das linhas de referência e das direções de parede.

Figura 4.5 – Etapas para a execução das alvenarias.

6. Preferencialmente, escolher blocos com selo de qualidade ABCP ou ANICER.

Quanto à estocagem, Faria e Parsekian (2015) recomendam que os blocos sejam:

- descarregados em uma superfície plana e nivelada;
- empregados preferencialmente na ordem do recebimento, com indicação das resistência e identificação do número do lote de obra e do local de sua aplicação;
- armazenados sobre lajes devidamente cimbradas ou sobre o solo;
- protegidos de intempéries;
- preparados anteriormente à elevação quando se destinarem à fixação das caixas elétricas, quando especificadas em projeto. Caso a aplicação das caixas elétricas seja feita depois da alvenaria elevada, o posicionamento delas deverá ser garantido marcando-se (por exemplo, com giz de cera) seus respectivos locais no momento da elevação da alvenaria.

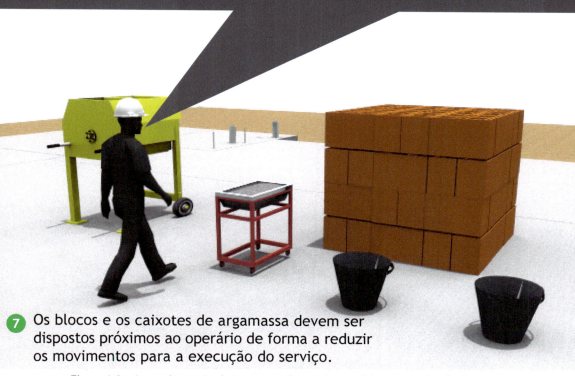

7. Os blocos e os caixotes de argamassa devem ser dispostos próximos ao operário de forma a reduzir os movimentos para a execução do serviço.

Figura 4.6 – Aproveitamento de tempo e esforços do operário no canteiro de obras.

Ergonomicamente, é importante que o caixote de argamassa fique na altura mais confortável ao operário, a fim de evitar esforços físicos desnecessários.

A seguir, são apresentadas **as etapas de marcação das alvenarias** de acordo com o recomendado por Faria e Parsekian (2015):

- (8) Verificar a posição de todas as instalações (gás, elétrica, telefonia, hidrossanitária, entre outras).

- (9) Marcar a direção de paredes, vãos de portas e *shafts* utilizando o fio traçante e conferir a perpendicularidade por meio do esquadro.

Figura 4.7 – Marcação com auxílio de linha traçante.

- (10) Instalação dos escantilhões:
    - o mestre de obras da equipe deverá marcar a posição dos escantilhões no projeto;
    - fixar o pé e a mão francesa;
    - colocar o escantilhão no prumo.

Figura 4.8 – Instalação de escantilhões.

11. Para a primeira fiada, é importante determinarmos o ponto mais alto da laje ou da viga baldrame para a transferência de referência de nível. Para isso, percorremos o pavimento com o nível na direção das paredes a fim de detectar este ponto. Transferimos esse nível para uma régua (sarrafo de madeira), na qual é realizada uma marca a 19,5 cm da extremidade inferior, correspondente ao assentamento do bloco e mais uma espessura mínima de argamassa de 0,5 cm. Essa régua é chamada de "régua de transferência de nível" ou "RTN". Assim, transferimos esse nível para cada escantilhão (Figura 4.9). Com todas as fiadas niveladas, pode-se iniciar o seu assentamento.

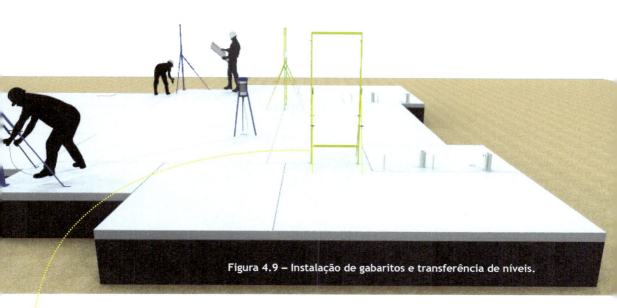

Figura 4.9 – Instalação de gabaritos e transferência de níveis.

12. Instalação dos gabaritos de portas na fase de colocação dos escantilhões, como mostra a Figura 4.8.

153

A seguir, são apresentadas as etapas de elevação da alvenaria de acordo com o recomendado por Faria e Parsekian (2015):

13) Umedecer a superfície do pavimento na direção da parede para assentar os blocos da primeira fiada.

14) Amarrar e esticar a linha com auxílio do esticador no escantilhão.

15) Verificar a qualidade da argamassa produzida.

16) Na primeira fiada, colocar a argamassa com a colher de pedreiro fazendo uma abertura (sulco) para facilitar o assentamento dos blocos.

17) Observar a amarração dos blocos conforme o projeto (plantas de primeira e segunda fiadas).

18) Para as demais fiadas, a argamassa será colocada com a palheta nas paredes longitudinais e com a colher nas transversais. Caso a equipe de produção utilize bisnaga para aplicação da argamassa de assentamento, o emprego da colher não se faz necessário.

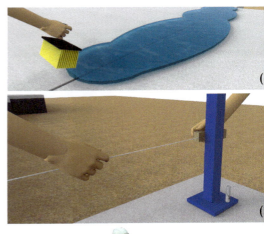

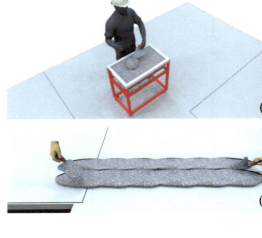

Figura 4.10 – Etapas de elevação da alvenaria.

Observações:
- utilizar a colher para retirar o excesso de argamassa;
- não deslocar o bloco da posição depois de assentado;
- manter a junta uniforme de 10 mm;

Na fase final, algumas recomendações devem ser lembradas:

- no caso de chuvas, as paredes deverão ser protegidas contra a entrada de água nos furos dos blocos;
- é importante a limpeza diária do pavimento e mais ainda no final do serviço, pois, a partir daí, outras equipes assumirão a continuidade do trabalho;
- avaliar o trabalho da equipe e informá-la dos resultados positivos e negativos.

19 Antes do grauteamento vertical, deve-se fazer a limpeza no interior dos furos dos blocos.

20 Utilizar a régua prumo-nível de maneira constante para verificar alinhamento, prumo e planicidade da alvenaria.

21 Assentar blocos tipos "U", "J" e compensador para a execução (cintas, vergas e contravergas). Posição e quantidade de armaduras conforme projeto estrutural.

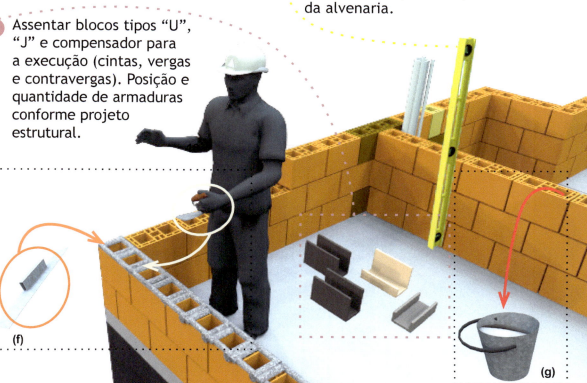

(f)

(g)

- utilizar o martelo de borracha para o ajuste dimensional da junta;
- verificar o nível e o prumo das paredes;
- limpar os furos nos pontos de grauteamento a cada sobreposição de fiadas.

155

4.6 Erros e cuidados necessários para obras em alvenaria estrutural

A seguir, são apresentados exemplos de erros em obras de alvenaria estrutural no intuito de atentarmos para a prática indesejada em canteiros de obras.

Quanto à escolha dos tipos de blocos, quando mais uniforme a coloração, melhores serão os blocos para assentar em termos dimensionais. Devem ser verificadas as condições de rejeitabilidade dos blocos, como: presença de rachaduras em grande parte das unidades, irregularidades nos contornos dos furos e falta de esquadro e planeza nas superfícies, conforme preconiza a NBR 15270-2 (ABNT, 2005).

Figura 4.11 – Blocos em canteiro de obras.

Blocos muito irregulares geram, durante a fase de execução da obra, uma maior dificuldade no assentamento por parte do operário, produzindo espessuras de juntas horizontais e verticais muito superiores ou inferiores a 1 cm. Além disso, em virtude das irregularidades dimensionais, pode fazer com que apenas um dos lados da parede fique no prumo, acarretando maiores espessuras de revestimentos.

Figura 4.12 – Blocos com irregularidades dimensionais.

Figura 4.13 – Bloco tipo "J" danificado.

Durante o processo de execução das lajes do pavimento, deve-se ter o cuidado de não deslocar ou quebrar o bloco "J" ou o bloco canaleta da cinta de amarração.

Figura 4.14 – Painéis diferentes com laje composta por vigotas e tavelas, além de irregularidades das juntas de argamassa entre blocos.

Para painéis de lajes com vigotas de **tamanhos diferentes**, devem-se necessariamente, reforçar a armadura na região de diminuição de vão ou fazer uma viga plana. Caso isso não ocorra, podem surgir fissuras horizontais no sentido do comprimento da vigota.

Caso haja falta de continuidade e verticalidade das alvenarias da junta de dilatação, o operário terá dificuldade de acabamento na junta de dilatação e surgirão rachaduras no bloco que transpassa as duas paredes.

Figura 4.15 – Junta de dilatação.

Figura 4.16 – Encontro laje e parede estrutural.

No encontro da laje com a parede, evitar que a lajota fique em cima da viga de cintamento. O ideal é deixar a lajota afastada uns 15 cm das bordas da parede, de forma a termos uma região de contato concreto entre a parede e a laje.

A Figura 4.17 mostra um erro de execução e projeto no encontro da laje com a parede, em que se quebrou a lajota ao longo de todo o comprimento da parede estrutural inferior, comprometendo o desempenho do conjunto parede e laje. Esse tipo de erro, além de perigoso, demonstra relapso e falta de controle por parte da equipe técnica.

Figura 4.17 – Erro de execução e projeto no encontro da laje com a parede.

Exemplo típico da falta de projeto e conhecimento técnico da equipe executora e dos projetistas da obra. As vigotas do banheiro foram posicionadas na direção do maior vão, sendo que, no lado direito da parede, descerão as instalações. Portanto, os instaladores deverão quebrar a primeira vigota para descer os tubos de água e de esgoto.

Figura 4.18 – Posicionamento de vigotas no sentido do maior vão.

Nunca devem ser feitas ou projetadas paredes estruturais na **ponta de um balanço**, principalmente se a laje for pré-moldada, como na Figura 4.19.

Figura 4.19 – Parede estrutural apoiada sobre laje pré-moldada.

Preferencialmente, no banheiro e na região do box do chuveiro, executar com laje maciça e não pré-fabricada, para aumentar o desempenho da permeabilidade a água e não deixar toda a responsabilidade para o azulejo, o revestimento e o rejunte do piso.

Figura 4.20 – Laje pré-moldada executada em banheiro.

A Figura 4.21 traz exemplos de cuidados na execução e descidas das instalações, por meio de *shaft* ou externas às paredes, sem o rasgo e o consequente dano à parede estrutural.

Figura 4.21 – À direita, utilização de *shaft* contrapondo o rasgo estrutural à esquerda.

> Os tubos elétricos devem ser posicionados junto com as paredes para evitar a quebra indiscriminada da parede para a passagem das tubulações.

Figura 4.22 – Quebras em paredes estruturais para passagem de tubulações.

Figura 4.23 – Incompatibilidade de projetos.

A Figura 4.20 traz um exemplo da falta de coordenação de projetos em relação ao vão da abertura da alvenaria e ao tamanho do parapeito pré-fabricado em concreto. Para solucionar, decidem quebrar 10 cm do contato da alvenaria para o encaixe do parapeito. Na quebra, foi verificado que o bloco não tinha sido totalmente preenchido com o graute e a armadura estava exposta.

No caso da Figura 4.24, a coluna de graute fica na borda de uma abertura. Em virtude do problema do grauteamento, houve quebra da parede para posterior preenchimento do furo com graute, o que acabou por prejudicar o contato entre a esquadria e a alvenaria.

Figura 4.24 – Coluna de graute.

Figura 4.25 – Vazio mostrando as deficiências de concretagem da coluna de graute, deixando a armadura descoberta ou sem proteção.

Alguns cuidados devem ser observados no preenchimento dos furos com graute, como fluidez necessária e respeito à indicação do número de fiadas para o grauteamento, se a cada três ou cinco fiadas. Quando se deixa para grautear apenas na última fiada, pode acontecer do graute não conseguir cobrir a armadura, como mostra a Figura 4.25.

A Figura 4.26 traz um exemp[lo] do retrabalho por falta de coo[r]denação de projetos e erro n[a] marcação e no posicioname[n]to das instalações de água fri[a.]

Figura 4.26 – Rasgos indevidos, instalações hidráulicas.

A Figura 4.26 mostra um exemplo do retrabalho por falta de coordenação de projetos e erro na marcação e no posicionamento das instalações elétricas.

Figura 4.27 – Rasgos indevidos, instalações elétricas.

164

Figura 4.28 – Rasgos indevidos, instalação do quadro de distribuição.

Rasgos em paredes estruturais diminuem a capacidade resistente da parede estrutural. Além disso, dutos embutidos na alvenaria não são recomendados.

Figura 4.29 – Rasgos e improvisos em instalações para ares-condicionados.

A falta de previsão de dutos e tubos do ar-condicionado também pode ocasionar rasgos indevidos.

São necessários cuidados no transpasse das armaduras verticais para a continuidade entre pavimentos durante a execução das alvenarias. Manter sempre um transpasse mínimo de 60 cm entre os andares.

Figura 4.30 – Ancoragem curta entre as armaduras verticais nos pavimentos.

165

Entulhos exagerados em obra são sinal de falta de controle, inexistência de equipes para a coordenação dos projetos e qualidade na execução das alvenarias. Essas falhas são responsáveis pela diminuição da qualidade da obra, afetando a sustentabilidade do empreendimento.

A Figura 4.31 traz exemplos do desperdício de materiais, neste caso, blocos de concreto e restos de argamassas sobre a laje.

Figura 4.31 – Entulhos e blocos danificados.

4.7 Referências

Livros e dissertações

FARIA, M. S.; PARSEKIAN, G. A. Execução e controle de obras. In: MOHAMAD, G. (Org.). **Construções em alvenaria estrutural:** materiais, projeto e desempenho. São Paulo: Blucher, 2015. p. 295-355.

BRASIL. Ministério do Trabalho. Norma Regulamentadora nº 18: condições e meio ambiente de trabalho na indústria da construção. **Diário Oficial da União**, Brasília, DF, 29 set. 2015. Disponível em: <http://trabalho.gov.br/seguranca-e-saude-no-trabalho/normatizacao/normas-regulamenta-doras/norma-regulamentadora-n-18-condicoes-e-meio-ambiente-de--trabalho-na-industria-da-construcao>. Acesso em: 22 set. 2016.

ABNT – ASSOCIAÇÃO BRASILEIRA DE NORMAS TÉCNICAS. **NBR 15270-2:** componentes cerâmicos: parte 2: blocos cerâmicos para alvenaria estru-tural: terminologia e requisitos. Rio de Janeiro, 2005.